LA FABULEUSE HISTOIRE DE LA MORUE

Mark Kurlansky

UN POISSON À LA CONQUÊTE DU MONDE

OU

LA FABULEUSE HISTOIRE DE LA MORUE

Traduit de l'américain par Yves Paccalet

JC Lattès

L'auteur a cherché par tous les moyens à identifier et à contacter les propriétaires des copyrights des documents illustrés reproduits dans cet ouvrage.

Pour la carte de début et fin d'ouvrage, *Theatrum Orbis Terrarum* de Abraham Ortelius — il s'agit de l'Atlantique nord —, merci à The Royal Library de Copenhague. Le dessin de morue en ouverture des chapitres provient de la collection particulière de l'auteur. L'« appât-morue » de la page 58 et « la morue dorée de l'escalier de la maison Pickman », page 106, proviennent du Peabody Essex Museum, Salem, Massachusetts. L'extrait de la page 203 est tiré de « The Cod Head » de William Carlos Williams, *Collected Poems 1909-1939, vol. 1*, copyright © 1938, New Directions Publishing Corp et reproduit avec l'autorisation de New Directions Publishing Corp. Les recettes de « Bacalao a lo communista », page 251, et « Kokotchas de bacalao verde », page 284, tirées du livre *El Bacalao : The Recipes of* PYSBE, sont reproduites avec l'autorisation de ediciones ttarttalo s.I, Donostia, Espagne. La recette des « Croquettes de morue salée », page 309, est tirée du livre *Talismano della felicita* de Ada Boni, copyright © 1950 by Crown Publishers, Inc., et reproduite avec l'autorisation de Crown Publishers, Inc. La recette de « Sonhos de Bacalhau », page 310, est extraite du livre *Foods of The Azores*, et reproduite avec la permission de l'auteur, Deolinda M. Avila, Palo Alto, Calif.

Titre de l'édition originale :
COD
A BIOGRAPHY OF THE FISH THAT
CHANGED THE WORLD
publiée par Walker and Company, New York.

ISBN : 978-2-70961-983-7

« La question des questions pour l'humanité — le problème qui sous-tend tous les autres, et qui est plus profondément passionnant que tous les autres — est la détermination de la place que l'homme occupe dans la nature, et de ses relations avec l'univers des choses. »

H. Thomas Henry Huxley,
La Place de l'homme dans la Nature.

« Ainsi, la première leçon biologique de l'Histoire est que la vie est une compétition. La compétition n'est pas seulement la vie du commerce, c'est le commerce de la vie — pacifique quand la nourriture abonde, violente quand les bouches se disputent la nourriture. Les animaux se mangent les uns les autres sans scrupules ; les hommes civilisés se consomment les uns les autres selon la bonne règle de la loi. »

Will et Ariel Durant,
Les Leçons de l'Histoire.

Sommaire

TROISIÈME PARTIE : DERNIERS CHASSEURS

HISTOIRE DE CUISINE :
SIX SIÈCLES DE RECETTES DE MORUE

Prologue

Sentinelles sur les promontoires (Si près de l'Irlande)

« Les harengs ne sont plus dans les marées comme ils l'étaient autrefois ;
Ma tristesse, maintes fois grinçante, chargea le panier à poisson dans la charrette
Qui emmena la prise à la ville de Sligo pour y être vendue.
Quand j'étais enfant, je n'eus jamais une fêlure au cœur. »

William Butler Yeats,
La Méditation du vieux pêcheur.

Ce sont des pêcheurs — sentinelles des bancs de morues, au large des promontoires d'Amérique du Nord ; des pêcheurs qui allèrent à la mer, mais sans crayon pour écrire...

Sam Lee, vêtu de bottes de caoutchouc noires et d'un ciré rouge luisant à force d'être neuf, conduit sa camionnette dernier modèle à travers les ultimes noirceurs de la nuit. Il descend vers les quais, qui s'étendent où l'eau est assez profonde pour les bateaux de pêche côtière. Les entrepôts, les salles de réunion, les boutiques d'accastillage ont été bâtis sur pilotis, par petit fond. Cela a permis de libérer l'étroite bande de terre plate, en lisière de la mer, où s'achève une montagne escarpée. On a eu besoin, jadis, de cette aire horizontale pour étaler des milliers de morues salées, destinées à sécher à l'air libre.

La pratique du salage a cessé voici presque trente ans, mais Petty Harbour ressemble encore à un petit port actif, avec ses quelques bâtiments commerciaux écrasés le long du rivage, et ses maisons dispersées jusqu'aux premières pentes.

Sur les quais, Sam retrouve Leonard Stack et Bernard Chafe, qui portent des lampes à éclats et plaisantent au sujet du nouveau ciré de Sam, dont ils font mine de protéger leurs yeux contre la luminosité agressive. En grommelant contre la politique de la pêche, à propos de cette émission de télévision de la nuit dernière, au cours de laquelle il fut question de rouvrir en partie la pêche de fond au public, les hommes grimpent dans le bateau de Leonard. Un trente-deux pieds, pont ouvert avec trappe.

Quand il s'entend demander s'il pourrait flotter avec ce ciré, Sam répond : « Pas envie de savoir ! » Et c'est tout ce qu'ils disent à propos de l'eau noire, là, à quelques pieds d'eux, de tous côtés, tandis que le bateau se révèle dans la première lueur violette de ce matin de début d'automne. La morue aime cette eau-là, à cette période de l'année, parce qu'elle la trouve chaude. Mais sept degrés Celsius représente l'idée de chaleur que se fait la morue, et les plats-bords qui surmontent le bordé d'un bateau à pont ouvert ne font que quelques centimètres de haut... Ce même jour, dans une autre communauté, on a retrouvé les corps de deux pêcheurs passés par-dessus bord. Les marins ne parlent pas de ces choses.

Les trois hommes scrutent la mer. Sam, petite taille et cheveux noirs, avec une touche de rose sur ses joues rasées de près, est engoncé dans son ciré écarlate. Leonard se tient dans la cabine de pilotage, tandis que Bernard, en salopette orange vif, reste debout près de Sam sur le pont, et contemple les facettes polies d'une mer plate et sombre. La lumière commence de rallumer le ciel. Quand le soleil se lève, il n'y a d'autre nuage qu'une brume de coton doux, collée entre les collines rocheuses de cette côte toujours verte en septembre.

Les hommes repèrent leurs zones de pêche grâce à des amers sur le rivage. Quand tel rocher brun s'aligne sur tel clocher d'église, quand ils commencent à voir certaines maisons, ou quand ils aperçoivent pour la première fois la tache blanche de ce rocher qu'ils baptisent « Madame » parce que, dans leur imagination, on dirait une jupe et une coiffe, alors ils peuvent jeter l'ancre et se mettre à pêcher.

Aujourd'hui qu'ils ont oublié d'emporter de quoi écrire, ils cinglent vers un autre bateau où trois hommes d'équipage ont déjà commencé à sortir des morues à la ligne à main. Après quelques plaisanteries à propos de la taille des prises — hélas ! bien juvéniles —, quelqu'un leur lance un crayon. Ils sont prêts à pêcher.

Ces hommes font partie de la Pêche Sentinelle, la seule forme de pêche à la morue légale à Terre-Neuve. En juillet 1992, le gouvernement canadien a fermé la pêche de fond dans les eaux de Terre-Neuve, des Grands Bancs et de la majeure partie du golfe du Saint-Laurent. Les morues sont les plus communs des poissons de fond, qui vivent dans la tranche aquatique située au-dessus du plancher de l'océan. À la date où le moratoire fut proclamé, les professionnels de Petty Harbour, témoins du rapide déclin de leurs captures jadis généreuses, réclamaient déjà cette mesure depuis des années. Ils avaient affirmé, et il est désormais avéré, que les chalutiers de haute mer en étaient presque à prendre le dernier poisson. Dans les années 1980, les scientifiques officiels avaient ignoré ce cri d'alarme des gens de la côte : les morues vont disparaître. Coûteuse surdité...

Désormais, deux bateaux de Petty Harbour participent à la Pêche Sentinelle — un programme conçu pour amener scientifiques et pêcheurs à œuvrer ensemble. Un petit nombre d'hommes de chaque communauté sont déclarés « Sentinelles ». Ils étudient les progrès des populations de morues en en attrapant certaines et en apportant leurs trouvailles aux scientifiques du gouvernement. L'équipe du bateau de Leonard marque — puis relâche — autant de poissons qu'elle peut en prendre. Tandis que les marins de l'autre esquif sont supposés capturer cent exemplaires de l'espèce, les ouvrir pour savoir s'il s'agit de mâles ou de femelles, et y prélever un os minuscule de la tête, l'otolithe, dont la fonction est d'aider le poisson à garder son équilibre. Les anneaux de l'otolithe donnent l'âge du sujet.

Demain, ou le prochain jour de mer belle, les deux équipages échangeront leurs tâches. Pas question de braver le mauvais temps. Les pêcheurs gagnent un modeste revenu sur leurs esquifs, mais ils sont heureux d'accomplir ce travail, qui leur apporte plus que d'aller toucher l'allocation de chômage, connue au Canada sous le nom de « paquet ». Ils aiment aussi ce boulot parce qu'il existe une pression permanente pour la réouverture de la pêche. Cette semaine, le débat porte sur l'idée d'autoriser n'importe qui à capturer quelques morues « juste pour manger ». Les pêcheurs « Sentinelles » démontrent, par leurs misérables prises, bien trop petites et trop jeunes, qu'on est loin d'avoir assez de poissons pour en permettre à nouveau l'exploitation.

« C'est cela, rappelle volontiers Sam : nous nous tenons au bout des promontoires ! » Les hommes de Petty Harbour sont fiers d'appartenir à la communauté de pêche la plus orientale de toute l'Amérique du Nord. Tel est le premier des trois motifs de gloire de la cité. Ce petit village, que jouxte Saint-Jean (St John) dans l'anse voisine, avec cette pointe rocheuse pour frontière, constitue le site le plus proche de cette zone de l'Atlantique Nord où la morue, dont la légende traverse le millénaire, a établi son territoire.

Être sur les promontoires orientaux signifie aussi qu'on est, ici, dans la ville nord-américaine la plus proche de l'Irlande : telle est la deuxième raison pour laquelle la cité est fameuse. Bien que le nom du port — « Petty » — vienne du français « Petit », les autochtones sont irlandais. Ils appartiennent à la cinquième génération de colons de Terre-Neuve, et ils parlent avec la musicale intonation du sud de l'Irlande. Même si cet accent « brogue » (littéralement : « de chaussure de cuir ») s'entend du haut en bas de la côte de Terre-Neuve, Petty Harbour est un microcosme d'Irlande — une sorte d'Irlande inversée. Le village, avec ses quelque mille âmes, fut édifié sur l'embouchure d'une petite rivière. Sur la rive nord vivaient les catholiques. Les protestants étaient au sud. Le petit pont servait de frontière. Les habitants des deux rives ne se mélangeaient pas. Sam, Leonard et Bernard sont tous trois catholiques. Ils ont grandi à la fin des années 1950 et au début des années 1960, et ils incarnent la première génération d'enfants qui traversa le pont pour jouer. Sam épousa une protestante. Ainsi fit aussi Bernard qui, âgé de quarante et un ans, est son cadet de cinq ans. L'unique conflit social s'est éteint — avant d'être supplanté par de nouveaux, liés à la disparition de la morue.

Sam prétend que bien davantage que la morue s'en est allé. Il regarde l'horizon et dit : « Plus une baleine ! Rien... » Depuis des années, il n'a pas vu un hareng, ni un capelan — que cherchent les baleines à bosse. Les calmars semblent s'être évanouis, eux aussi. Les pêcheurs de Petty Harbour passaient souvent une heure au crible l'eau du port pour prendre les calmars dont ils avaient besoin pour appâter. Mais, ce matin, ils utilisent du calmar congelé...

En été, avant qu'elles ne se raréfient, les morues approchaient si près de la côte que les pêcheurs pouvaient les prendre dans des nasses, ingénieux dispositifs inventés au Labrador au XIXe siècle. Un mur de filets enchevêtrés était ancré à la côte. Les morues nageaient de part et d'autre, en suivant le rempart de mailles. Elles se retrouvaient dans une vaste chambre marine entortillée, d'où elles pouvaient s'échapper sans peine. Mais beaucoup d'entre elles ne le faisaient pas. Ces pièges sans appâts étaient tendus en juillet-août, et relevés deux fois par jour. Des milliers de morues s'y jetaient chaque année le long de cette côte rocheuse. Au moment du moratoire, cent vingt-cinq pêcheurs tendaient soixante-quinze pièges dans le profond bras de mer qui compose les eaux de Petty Harbour.

En septembre, quand la morue commençait à se déplacer plus loin vers le large, la saison de la pêche à la ligne à main débutait. La méthode remonte à l'âge du fer. On appâte l'hameçon ; un poids de plomb d'une centaine de grammes leste la ligne et l'emmène vers le bas. Sur les zones de Petty Harbour, les hommes travaillent à des profondeurs de quinze à trente brasses. Le pêcheur enroule la ligne autour de sa main. Quand il sent une touche, il ferre d'un coup sec afin de crocher l'hameçon dans la gueule de l'animal. Il doit ferrer et commencer de haler d'un même mouvement : le moindre mou permettrait au poisson de se tortiller et de se libérer. Mais peu échappent à ces pêcheurs-là.

Une fois l'hameçon planté, la morue ne se bat plus : le seul problème consiste à la hisser à bord. L'habileté réside dans les tous premiers instants ; le reste est labeur. Les pêcheurs halent rapidement plus de cinquante mètres de ligne, grâce à de larges mouvements circulaires de leurs deux index. Aux temps anciens, les trois hommes d'un bateau auraient eu chacun leur ligne : deux du côté du courant de marée, un de l'autre. Le pont ouvert et les plats-bords surbaissés peuvent être dangereux par mer dure, mais ils facilitent la mise au sec de la pêche. Les trois hommes auraient hissé des prises pesant entre huit et trente livres, ou davantage ; l'une après l'autre, sans un instant de repos, toute la journée, jusqu'à ce que le pont et les compartiments d'un mètre de hauteur n'eussent plus présenté le moindre espace. Chaque embarcation s'en serait retournée avec une tonne ou une tonne et demie de morues. Les quelque cinquante bateaux de Petty

Harbour seraient sortis, chacun avec deux ou trois hommes d'équipage, échangeant des plaisanteries bord à bord tout en halant le poisson.

Car voici la troisième raison pour laquelle Petty Harbour est célèbre : la communauté a banni depuis la fin des années 1940 les techniques de prises massives — les longues lignes et le chalutage par petit fond. Depuis l'adoption du moratoire, les environnementalistes ont souligné le fait que Petty Harbour a accompli ce pas décisif des décennies avant que quiconque, à Terre-Neuve, ne parle de conservation. En 1955, le Sierra Club, fameuse organisation de défense de la nature, notait dans son magazine : « Voici plus d'une génération, les pêcheurs de Petty Harbour ont mis hors-la-loi les pratiques destructrices, comme le chalutage et la grande pêche à la traîne. Petty Harbour n'a autorisé que les équipements orientés vers la conservation — les lignes à main traditionnelles et les pièges. »

En vérité, l'interdiction fut plutôt édictée parce que cent vingt-cinq pêcheurs, travaillant ensemble dans l'espace d'une seule baie, ne disposaient simplement pas de la superficie nécessaire à de telles pratiques... « De nos jours, dit Sam, tout le monde prétend que c'était de la conservation. Guère de conservation, là-dedans ! Pour l'amour de Dieu, il y avait assez de poissons pour qu'on marche dessus. C'était parce qu'il n'y avait pas assez de place ! »

Les pêcheurs côtiers de Terre-Neuve ne travaillaient que dans les eaux de leur propre baie. Lorsqu'un bateau de Petty Harbour voulait pêcher au-delà de la dernière pointe rocheuse du bras de mer, il devait en demander la permission aux pêcheurs de l'anse voisine, celle de Saint-

Jean. Ces mœurs remontent aux jours de civilité, avant le moratoire, quand on voulait croire qu'il y avait assez de poisson pour tout le monde, et que la religion était l'unique pomme de discorde.

Depuis que le moratoire a été adopté, la politesse est devenue plus rare que la morue. Six bateaux de Petty Harbour pratiquèrent même le chalutage par petit fond, au vu de tous, et il fallut deux ans d'actions juridiques et de pressions politiques pour les arrêter.

Commercialement parlant, Sam, Bernard et Leonard ne pêchaient pas ensemble. Sam avait l'habitude de travailler avec son frère. Le partenaire de vingt ans de Bernard n'avait jamais pris de licence de pêche de fond. Elles étaient alors faciles à obtenir, mais il n'en avait pas besoin. Aujourd'hui, si ce type de pêche ouvrait à nouveau, il y aurait un strict quota de captures par licence, et aucune nouvelle licence ne serait accordée. Bernard devrait partager avec son partenaire : ce ne serait sûrement pas suffisant pour deux. « Je serais supposé dire à l'homme avec qui j'ai pêché pendant tant d'années :
— Désolé, mais je dois faire équipe avec quelqu'un qui a une licence ! Ils veulent que les gens laissent tomber la pêche. Mais qu'est-ce qu'il y a d'autre à faire, par ici ?

— C'était un chouette endroit pour vivre, ajoute Sam ; ça ne l'est plus.

— Incroyable, reprend Bernard, la façon dont, voici quelques années, tout le monde a fait ce qu'il voulait, sans se soucier d'autrui ! Maintenant, personne ne veut plus voir personne gagner un dollar sans le gagner aussi. Chacun surveille chacun. Il semble qu'on ne puisse plus péter en société sans que quelqu'un s'en plaigne... »

Cependant, en ce matin parfait de septembre, à

Terre-Neuve — chaud soleil et mer plate —, les hommes de la Pêche Sentinelle sont de bonne humeur. Ils accomplissent la seule chose qu'ils ont toujours désiré faire : sortir en mer avec leurs amis d'enfance, et attraper du poisson.

Cette pêche fut désastreuse.

Les morues de Terre-Neuve et du Labrador, connues sous le nom de « population nordique », sont de jolis poissons à taches léopard ambrées, sur fond vert olive — le ventre blanc et une longue bande claire profilée entre le dessous pâle et le dessus tacheté. Bien plus belles que celles de la population islandaise, jaune sur brun... Les pêcheurs mesurent chaque animal dès qu'il est halé. Ils notent que les longueurs varient entre quarante-cinq et cinquante-cinq centimètres. Cela signifie qu'il s'agit de jeunes sujets — de deux ou trois ans, nés après le moratoire, et pas assez grands pour se reproduire. Lorsque Leonard tient enfin un exemplaire de soixante-quinze centimètres, probablement âgé de sept ans — une prise banale, dix ans plus tôt —, ils plaisantent en chœur : « Oh ! mon Dieu : vite, la gaffe ! Donne-lui un coup de main ! »

Avec leur mélodieux accent « brogue », ils s'amusent du fait qu'ils ne sont plus de vrais pêcheurs. Le petit bateau cogne une légère houle latérale ; tandis qu'il roule, Sam pleurniche : « Ohhh ! Je crois que je vais avoir le mal de mer ! » Les autres s'esclaffent.

Ils excellent à sortir le poisson. Mais, ici, il y a une petite différence. Au lieu de jeter la morue sur le pont, et de se dépêcher de réamorcer et de relancer pour la suivante, ils doivent ôter avec précaution l'hameçon, en essayant de ne pas blesser l'animal. Puis ils l'étalent sur un bord et le mesurent — en centimètres. Un outil, doté d'un mécanisme à ressort, leur sert à insérer une aiguille de deux centimètres dans la partie charnue située à l'avant de la nageoire dorsale, puis à y cliquer en place un fil de plastique muni d'une étiquette numérotée. Ils n'excellent guère dans ce registre.

Sam décroche un poisson, qui lui échappe d'une secousse et s'écrase sur le pont. « Oh ! pardon ! » dit-il à la morue, du même ton qu'il emploie chez lui avec son beagle vieillissant. Le pistolet à marquer ne fonctionne pas bien : Sam doit le démonter et le remonter. Désassembler puis réassembler les choses fait partie du savoir-faire du pêcheur. Mais le pistolet refuse toujours de marcher normalement. Il arrive qu'il faille piquer le poisson trois ou quatre fois pour fixer la marque. Cela prouve à quel point la morue est une rescapée solide : un saumon ne supporterait pas ces manipulations. Lorsque, enfin, ils remettent la morue à la mer, doucement, la tête la première, l'animal se hâte de nager vers sa maison des profondeurs. Pour ce poisson, le plancher de l'océan signifie la sécurité. Voilà pourquoi l'espèce a été commercialement anéantie par les pilleurs de fonds.

En essayant d'insérer une marque dans une morue, les hommes piquent et tourmentent tant de fois l'animal qu'il meurt. Cela ne les rend pas tristes, parce qu'ils ont faim. Bernard s'agenouille à la poupe, devant un réchaud portable. Il utilise son épais couteau de pêche pour découper en dés du lard et du bœuf salé, et pour peler et trancher des pommes de terre. Il fait revenir les morceaux de ce sauté dans de la graisse de porc, avec quelques oignons émincés. Puis il lève les filets de la morue de quatre coups de couteau de chaque côté, avant de les dépiauter de deux autres. Il ne jette pas le poisson : il l'ouvre et regarde ; si c'est une femelle, il en retire les œufs. Tenant le poisson par les ouïes au-dessus du platbord, il donne deux coups rapides et extrait l'organe de gorge, « la langue de la morue », avant de laisser tomber la carcasse à la mer.

Bernard touille son ragoût. Sam note les numéros de marques et les dimensions des poissons avec son crayon, tandis qu'à la proue, silencieux, Leonard agite ses index gantés et hale l'une après l'autre de jeunes morues. « Tout le plaisir est pour Leonard ! » dit Bernard, avec une feinte mauvaise humeur.

Bernard dispose le repas sur un grand drap de boulanger, que les compagnons étalent sur une planche en travers de l'un des compartiments. Ils se tiennent debout dans cette cale qui aurait dû être emplie de prises, et commencent de manger, tournés vers le centre, avec des fourchettes de plastique. Le plat, baptisé « Frichti du Pêcheur », est monochrome, avec sa graisse de porc blanchâtre, ses pommes de terre livides et quelques bouts de bœuf salé plus sombres. Ce qui ressort, c'est la blancheur absolue des épaisses lames de morue fraîche. Tel est le menu qui les a tous fait grandir. Comme cela arrive souvent quand des amis partagent le plat de leur enfance, les souvenirs affluent.

Pour ces hommes, aucun sport dont ils puissent parler ; pas d'équipe de collège ; ils ne sont même pas fans de hockey... Enfants, ils partaient chaque matin, avant l'aube, pêcher avec leur père. Ils revenaient à la côte à midi pour aller à l'école — sauf si la menace d'un nuage noir les contraignait à se précipiter vers le port et les claies où la morue salée séchait, afin de retourner le poisson peau dessus pour le préserver de la pluie.

Au lieu de sports, ils parlent de la pêche, et du froid qui va avec. Non pas que le climat ait changé : mais autrefois, il n'existait aucune microfibre ultra-légère pour conserver la chaleur du corps ; ni rien pour aider les doigts à dévider la ligne dans l'eau glaciale. Cela, durant toute une saison, avec pour unique chaleur un soupçon de soleil ou la lumière du jour... La pêche était bonne au mois de janvier ; mais, en 1957, un fonds de compensation pour le chômage devint disponible le 15 décembre ; on fixa ce jour-là l'ultime sortie en mer jusqu'au printemps suivant. Quelques années plus tard, la date fut avancée au 15 novembre.

Tous se souviennent pourtant de la pêche en hiver. « Seigneur ! dit Bernard. Dehors sous la neige, la ligne à la main... On s'engourdissait. On n'avait que de la laine : pas tous ces habits modernes. S'il y en avait, nous l'ignorions.

— Non, dit Leonard. Ça n'existait pas.

— Seigneur, qu'il faisait froid !

— Nous n'avions pas le choix.

— Même pas celui de ravoir de ce bœuf trop salé ! »

La conversation dévie sur l'un des sujets favoris des Terre-Neuviens : à quel point leur régime alimentaire est mauvais pour la santé. La nourriture traditionnelle de l'île est à base de graisse de porc. On s'en sert pour tout cuisiner. On assaisonne aux lardons — lard coupé en dés et fondu...

« Fameux pour les artères, dit Bernard en riant. Vous savez ce que disait mon frère ? Quand on lui montrait quelque chose, il demandait : — C'est bon pour toi ? Si la réponse était « oui », il ajoutait : — Donc, je n'en veux pas ! »

Ils finissent de manger. Sam et Bernard se partagent les œufs du poisson, Leonard mange la « langue ». Ils mettent le cap sur le port. Ils n'ont marqué que quarante morues, dont la plus grosse mesurait à peine soixante-seize centimètres. Dix ans plus tôt, cette championne aurait figuré dans la moyenne. Sur les quarante prises, seuls trois étaient assez âgées pour frayer.

Les hommes de l'autre bateau, en mouillant leurs trois lignes, ont attrapé les cent poissons prévus. Poids total : trois cent soixante-quinze livres. Cela met la moyenne au-dessous de quatre livres. À cette période de l'année, Petty Harbour réalisait naguère ses plus belles pêches : trois cents poissons par bateau, pour un poids total de trois mille livres.

Les hommes mettent de côté le lot destiné aux scientifiques et répartissent le reste en sacs d'environ dix livres. Un tel sac aurait autrefois contenu un seul animal. Aujourd'hui, la plupart en renferment deux ou trois. Lorsque les deux bateaux rentrent au port, une cinquantaine de personnes, surtout venues d'autres villes, les attendent en file bien sage.

C'est le Canada... Ces gens ont un emploi ou bénéficient d'une aide publique — ce dernier cas de plus en plus nombreux, ces temps-ci. Ils ne sont pas affamés : simplement en quête du goût de leur plat régional. Les grandes compagnies de pêche — celles-là mêmes dont les dragues de fond nettoyèrent les ultimes morues avant le moratoire — importent maintenant ces animaux congelés d'Islande, de Russie et de Norvège. Mais la population de Terre-Neuve est habituée à la morue fraîche, en lamelles blanches, « les nerfs encore frétillants », comme dit une fille de pêcheur. Il est arrivé à Sam d'envoyer une cargaison à la Nouvelle-Orléans : le chef s'est plaint de ce que le poisson fût trop frais et que la chair ne tînt pas. Seules les communautés de pêcheurs savent le goût de la vraie morue fraîche, avec ses grandes lamelles qui se détachent.

Même en limitant la ration à dix livres par tête, il n'y a pas assez de morue pour tout le monde. Quelques personnes se détournent. Une voix demande à un pêcheur : « Où sont-ils donc en train de prendre le reste du poisson ? »

Le problème, pour les habitants de Petty Harbour, ici, sur les promontoires de l'Amérique du Nord, c'est qu'ils vivent la sinistre conclusion d'une folle partie de plaisir de mille ans de pêche.

AMERICAE SIVE NOVI ORBIS PARS
Groenlandt
Estotilant
OCCIDENS
OCEANVS BOREALIS
Islant
OCEANVS DEVCALIDONIVS
OCEANVS OCCIDENTALIS
Hebudes
SCOTIA
HIBERNIA
ANGLIA
OCEANVS BRITANNICVS
Scala mill. Germanicorum

MARE CON GELATVM
RVSSIA.
Permia
Biarmia
Condora
SVEDIA.
Bodicus
Liuoniæ pars.
Prussiæ pars.
Pomeraniæ pars.
Germaniae pars.
Parall. 60 grad. latitud.
ORIENS.
SEP TEN TRI ONA LIVM RE GIONVM DESCRIP.

Première partie

Histoire de poisson

« [...] morue salée, s'étalant elle-même devant les commerçants replets, vêtus de drap de toile, et les faisant rêver de départ, de voyage. »

Émile Zola,
Le Ventre de Paris, 1873.

1

La course à Moruland

> « Il dit que ce devait être vendredi, le jour où il ne pouvait rien vendre, sauf des portions d'un poisson connu en Castille sous le nom de "pollock", et en Andalousie de "morue salée". »
>
> Miguel de Cervantès,
> *Don Quichotte*, 1605-1616.

On raconte qu'un pêcheur médiéval remonta une morue de trois pieds de long, ce qui était assez commun à l'époque. Le fait que le poisson pût parler n'était pas spécialement surprenant. L'étonnant était qu'il utilisât une langue inconnue. Il parlait basque.

Ce conte populaire basque ne montre pas seulement l'attachement des Basques à leur langue singulière, incompréhensible au reste du monde, mais encore leur lien avec la morue de l'Atlantique. *Gadus morhua*, cette espèce qu'on n'a jamais trouvée dans les eaux basques, ni même espagnoles.

Les Basques sont énigmatiques. Ils ont vécu, bien avant les temps historiques, dans ce qui forme aujourd'hui le coin nord-ouest de l'Espagne et une encoche du sud-ouest de la France. Non seulement on ignore l'origine de leur langue, mais ce peuple lui-même reste un mystère. Selon une hypothèse, ces gens aux joues roses, aux cheveux noirs et au long nez composaient le peuple ibère originel, chassé par les envahisseurs vers cette contrée montagneuse entre les Pyrénées, la sierra Cantabrique et le golfe de Gasgogne. Mais peut-être s'agit-il d'indigènes de la région.

Ils font paître des moutons sur d'impossibles escarpements, de vertes pentes montagneuses dont la beauté rude et rare donne le frisson. Ils chantent leurs chants à eux, et écrivent leurs livres dans leur langue, l'*euskera.* Peut-être est-ce le plus ancien parler d'Europe. L'un des quatre du continent — avec l'estonien, le finnois et le hongrois — qui ne fassent pas partie du groupe indo-européen. Les Basques pratiquent aussi leurs sports à eux, notamment le *jai alai*, et tiennent à leur couvre-chef, le béret basque, le plus grand du genre...

Bien que leur territoire réunisse trois provinces en France et quatre en Espagne, les Basques soulignent qu'ils ont un pays, nommé *Euskadi.* Les puissants peuples qui les environnent — les Celtes et les Romains, les royaumes d'Aquitaine, de Navarre, d'Aragon et de Castille ; plus tard, les monarchies, dictatures ou républiques d'Espagne et de France — ont tous essayé de les soumettre et de les assimiler. Tous ont échoué. Dans les années 1960, à une époque où leur langue ancestrale n'était plus que murmurée, mise hors-la-loi par le dictateur Francisco Franco, les Basques l'ont modernisée pour en élargir l'usage. De nos jours, avec seulement huit cent mille locuteurs dans le monde, près de mille titres sont publiés chaque année en *euskera*, dont à peu près un tiers par des écrivains basques ; le reste sous forme de traductions.

« *Nire aitaren etxea / defendituko dut. / Otsoen kontra...* » (« Je défendrai / la maison de mon père. / Contre les loups... ») : tels sont les premiers vers d'un fameux poème en *euskera*, composé par Gabriel Aresti, l'un des pères de la langue modernisée. Les Basques ont été capables de préserver cette indépendance opiniâtre, en dépit de la répression et des guerres, parce qu'ils ont réussi, à travers les siècles, à maintenir une puissante économie. Il n'y a pas que des Basques bergers, mais aussi des gens de mer, réputés pour leurs succès commerciaux. Au Moyen Âge, quand les Européens mangeaient de grandes quantités de viande de baleine ; les Basques voyagèrent au loin sur des eaux inconnues, et rapportèrent de la baleine. Ils purent couvrir de telles distances parce qu'ils avaient localisé d'énormes bancs de morues, et qu'ils salaient leurs prises, obtenant ainsi des vivres nourrissants qui ne se gâtaient pas lors des longues campagnes.

Les Basques ne furent pas les premiers à apprêter la morue. Quelques siècles plus tôt, les Vikings avaient rallié la Norvège à l'Islande, au Groenland et au Canada. Ce n'est pas une coïncidence si c'est précisément là le domaine de la morue atlantique. Au xe siècle, Thorwald et son fils, Erik le Rouge, une tête brûlée bannie de Norvège pour meurtre, voyagèrent vers l'Islande, où ils tuèrent encore des habitants et d'où ils furent encore expulsés. Vers l'an 985, ils prirent la mer depuis la côte de lave noire de l'Islande, avec un maigre équipage, sur un petit bateau non ponté. Ici, même au milieu de l'été, quand les jours sont presque sans nuits, la mer est grise et lève ses moutons... À la voile et à la rame, le modeste équipage réussit à gagner une terre de glaciers et de rocs, où les eaux traîtresses rayonnaient du bleu couleur œuf de rouge-gorge des icebergs. Là, au printemps et en été, des pans de glaciers se brisent et s'écroulent dans l'eau avec un bruit de tonnerre qui résonne en écho dans les fjords, en provoquant d'énormes vagues. Erik espérait coloniser cette terre. Il tenta de la rendre plus attrayante en la nommant « Groenland » — « Terre Verte ».

Près de mille ans plus tard, les baleiniers de Nouvelle-Angleterre pourraient chanter : « Oh ! le Groenland est un lieu stérile / un lieu qui n'a nulle verdure / Où il y a glace et neige / et où souffle la baleine / Mais où l'on voit rarement la lumière du jour. »

Erik colonisa cette terre inhospitalière, puis tenta de poursuivre vers d'autres découvertes. Il se blessa au pied et dut cependant être laissé en arrière. Son fils, Leifur, connu plus tard sous le nom de Leif Eriksson, fit voile vers un lieu qu'il appela « Stoneland » (Pays de la Pierre), et qui était probablement la côte rocheuse et désolée du Labrador. « Je n'y ai pas vu une seule charretée de terre, bien que j'y aie débarqué en de nombreux endroits », écrira de ce rivage Jacques Cartier, plus de cinq siècles plus tard. Puis les hommes de Leif mirent le cap au sud, vers le « Woodland » (Pays des Bois) et le « Vineland » (Pays de la Vigne). L'identité de ces contrées n'est pas sûre. Le « Woodland » peut avoir été Terre-Neuve, la Nouvelle-Ecosse ou le Maine, tous trois boisés. Mais au « Vineland », il y avait du raisin, que personne d'autre n'a jamais découvert dans ces parages.

Les restes d'un camp viking ont été mis au jour à Terre-Neuve. C'est peut-être sur cette terre amicale que les Vikings furent accueillis par des habitants qu'ils jugèrent si violents et hostiles qu'ils estimèrent impossible de s'y établir. Frappante appréciation, venant de gens maintes fois bannis eux-mêmes pour leur propension au meurtre... Plus de cinq cents ans plus tard, la tribu Beothuk de Terre-Neuve empêcherait John Cabot d'explorer la contrée au-delà d'une portée d'arbalète de son bateau. Les Beothuk n'ont apparemment pas mal jugé les Européens puisque, après Cabot, ils ont été réduits en esclavage par les Portugais, repoussés dans l'intérieur des terres, chassés par les Français et les Anglais, enfin exterminés en quelques décennies...

Comment les Vikings réussirent-ils à survivre dans un Groenland sans verdure et un Pays de la Pierre sans terre ? Comment eurent-ils assez de provisions pour pousser jusqu'au Woodland et au Vineland, d'où ils n'osèrent pas gagner l'intérieur pour se procurer des vivres ? Comment purent-ils revenir chez eux en ayant encore de quoi manger ? De quoi s'alimentèrent ces Normands durant les cinq expéditions recensées par les sagas islandaises, entre 985 et 1011 ? Ils purent voyager vers ces rivages lointains et stériles parce qu'ils avaient appris à conserver la morue en la suspendant dans l'air glacé de l'hiver jusqu'à ce qu'elle perde les quatre cinquièmes de son poids, et devienne semblable à une indestructible planche de bois. Ils en cassaient des morceaux et les mâchaient comme du biscuit de mer. Dès le IXe siècle, avant même l'époque d'Erik le Rouge, les Normands avaient créé des installations de production de morue

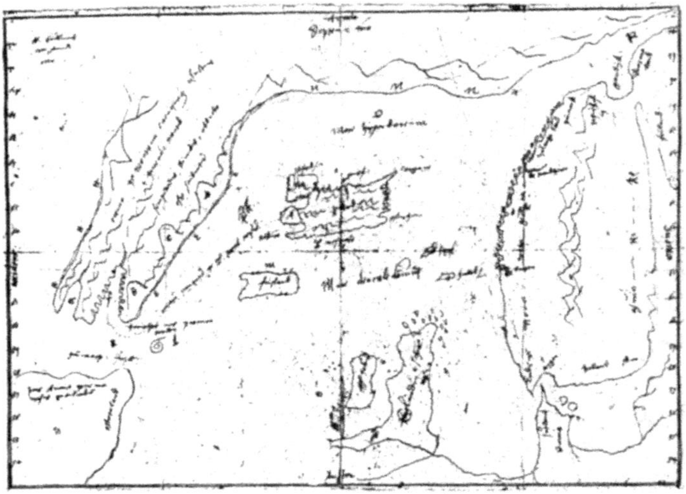

En 1606, l'évêque islandais Gudbrandur Thorlaksson traça ce croquis de l'Atlantique Nord, dans lequel le Groenland est représenté sous la forme d'un dragon muni d'une bouche aux dents féroces. Les cartes modernes montrent que ce n'est pas du tout la forme du Groenland ; mais c'est ce à quoi il ressemble, en vérité, depuis ses fjords méridionaux, qui se découpent en entailles déchiquetées à des milles à l'intérieur de hautes montagnes. (Bibliothèque royale, Copenhague.)

séchée en Islande et en Norvège, et vendaient leurs surplus dans le nord de l'Europe.

À la différence des Vikings, les Basques avaient le sel ; et parce que le poisson salé avant d'être séché résiste plus longtemps, ils purent voyager encore plus loin que les Vikings. Ils avaient un autre avantage. Plus un produit est durable, plus le commerce en est facile. Vers l'an 1000, les Basques avaient notablement agrandi le marché de la morue, devenu un vrai marché international, bien plus vaste que l'aire nordique de l'animal.

Dans le bassin méditerranéen, où il existe non seulement des dépôts de sel, mais un soleil assez fort pour faire évaporer l'eau de mer, l'idée de saler les aliments pour les conserver n'était pas nouvelle. Avant l'époque classique, les Égyptiens et les Romains salaient déjà le poisson et en faisaient un commerce prospère. Les viandes salées étaient populaires, et les Gallo-Romains étaient réputés pour leurs jambons salés et fumés. Avant de se tourner vers la morue, les Basques avaient parfois salé la viande de baleine. Ce mets passait pour un délice — avec des petits pois. La langue, la pièce la plus prisée du cétacé, était aussi souvent salée.

Jusqu'au réfrigérateur du XXe siècle, la nourriture avariée constitua un fléau chronique et une sévère limitation au commerce de nombreux produits, notamment du poisson. Lorsque les baleiniers basques appliquèrent à la morue les techniques de salaison qu'il employaient pour la baleine, ils furent témoins d'un beau mariage ; car la morue n'a pratiquement pas de graisse ; de ce fait, bien salée et bien séchée, elle se gâte rarement. Elle dure plus longtemps que la baleine, qui a une viande rouge ; ou le hareng, ce poisson gras devenu populaire comme article salé dans les contrées nordiques, au Moyen Âge.

Même la morue séchée-salée tourne si on la garde assez longtemps en atmosphère chaude et humide. Au Moyen Âge, cependant, elle parut étonnamment durable. Un miracle comparable à la découverte de la technique de congélation au XXe siècle, qui débuta d'ailleurs aussi avec la morue... Non seulement la morue tenait plus longtemps que les autres poissons salés, mais elle avait meilleur goût. Une fois séché ou salé — ou les deux à la fois —, puis convenablement restitué par trempage, ce poisson offre une chair floconneuse qui, pour de nombreux palais, même en nos époques modernes de réfrigération, semble bien supérieure à la viande blanche insipide ou au poisson frais. Pour les pauvres, qui n'avaient que rarement les moyens d'acheter du poisson frais, c'était un régime à la fois bon marché et d'excellente qualité.

Le catholicisme fut pour les Basques une véritable aubaine. L'Église médiévale imposa des jours de jeûne au cours desquels les relations sexuelles et la consommation de viande furent prohibées, mais les repas d'aliments « froids » permis. Parce que le poisson venait de l'eau, il était jugé « froid », de même que le gibier aquatique et la baleine, tandis que la viande était nourriture « chaude ». Les Basques vendaient déjà de la viande de baleine aux catholiques les jours « maigres », qui incluaient tous les vendredis (le jour de la crucifixion du Christ), les quarante jours de Carême, et divers autres dates notables du calendrier religieux. Au total, la viande était pratiquement interdite la moitié des jours de l'année. Ces jours de jeûne devinrent en réalité jours de morue salée. La morue devint presque une icône religieuse — le mythique emblème du christianisme de stricte observance.

Les Basques s'enrichirent chaque vendredi. D'où venaient leurs morues ? Ils se gardèrent de le dire, conservant leur secret. Mais, au XVe siècle, celui-ci devint de moins en moins facile à préserver, car la morue était largement tenue, en Europe, pour une marchandise fort profitable. De nombreux groupes commerciaux cherchèrent de nouveaux bancs. On trouvait la morue au large de l'Islande et en mer du Nord, mais les Scandinaves, qui pêchaient ce poisson dans ces eaux depuis des millénaires,

Bords de bancs de la chapelle Saint-Nicolas, dans une ville de la mer du Nord, King's Lynn (Norfolk, Angleterre). Ces scènes de pêche à la morue furent sculptées vers 1415. (Victoria and Albert Museum, Londres.)

n'y avaient jamais croisé les Basques. Les Britanniques, qui prenaient l'espèce au large depuis l'époque romaine, n'étaient pas davantage tombés sur les pêcheurs basques ; même au XIVe siècle, quand ils avaient commencé à s'aventurer dans les eaux islandaises. Les Bretons tentèrent de suivre les Basques et se mirent à parler d'une terre située de l'autre côté de la mer.

Dans les années 1480, un conflit couva entre les marchands de Bristol et la Ligue hanséatique. Cette dernière s'était constituée au XIIIe siècle, autour de Lübeck, pour régler le commerce et défendre les intérêts de la classe marchande des cités d'Allemagne du Nord. *Hanse* signifie « communion » en allemand médiéval. Cette « communion » intégra ville après ville et s'étendit en Europe septentrionale, jusqu'à Londres. En contrôlant tous les estuaires des grands fleuves qui coulaient d'Europe centrale vers le nord, du Rhin à la Vistule, la Ligue réussit à dominer une bonne partie du commerce européen, notamment celui de la Baltique. Au XIVe siècle, elle étendit ses chapitres au loin, jusqu'en Islande au nord, à Riga vers l'est, à l'Ukraine vers le sud et à Venise à l'ouest.

Durant de nombreuses années, la Hanse fut considérée comme une force positive en Europe du Nord. Elle combattit les abus des monarques, fit cesser la piraterie, dragua les chenaux et construisit des phares. En Angleterre, les membres de la Hanse étaient appelés *Esterlings* parce qu'ils venaient de l'est : leur bonne réputation se retrouve dans le mot *sterling*, dérivé d'*Esterling*, et qui signifie « de valeur assurée ».

Mais la Ligue abusa peu à peu de son pouvoir et de l'impitoyable protection qu'elle exerçait sur ses monopoles commerciaux. En 1381, la populace se souleva en Angleterre et chassa les Hanséatiques, tuant quiconque ne réussissait pas à dire « *bread and cheese* » avec l'accent anglais.

La Ligue avait le monopole du commerce du hareng de la Baltique. Au XVe siècle, elle tenta de s'emparer de celui de la morue sèche. Cependant, celle-ci était devenue une production importante à Bristol. Ce port, bien protégé mais difficile à naviguer, avait connu une belle expansion commerciale, à cause de sa position médiane entre Islande et Méditerranée. Il avait pris la première place aussi bien pour la morue séchée d'Islande, que pour le vin — surtout le sherry — d'Espagne. Or, en 1475, la Ligue hanséatique raya les marchands de Bristol du commerce de la morue d'Islande.

Thomas Croft, riche fonctionnaire des douanes de Bristol, tenta de trouver de nouvelles ressources et fit affaire avec John Jay. Ce marchand du port avait une obsession, alors assez partagée dans la ville. Il croyait que, quelque part dans l'océan Atlantique, il existait une île appelée « Hy-Brasil ». En 1480, Jay envoya un premier bateau à la recherche de cette terre, dont il espérait qu'elle serait une nouvelle base de pêche à la morue. En 1482, Jay et Croft armèrent deux navires, le *Trinity* et le *George.* Il n'existe aucun compte rendu des résultats de cette entreprise. Croft et Jay demeurèrent aussi silencieux que les Basques. Ils n'annoncèrent pas la découverte du « Hy-Brasil ». L'histoire nota d'un trait de plume que ce voyage fut un échec. Mais leurs marins trouvèrent assez de morues pour que, en 1490, lorsque la Ligue hanséatique leur offrit de renégocier l'ouverture du commerce avec l'Islande, Croft et Jay ne se montrèrent pas plus intéressés que cela.

D'où venaient leurs morues ? Elles arrivaient sèches à Bristol : or, le séchage ne peut avoir lieu sur le pont d'un navire. Parce que leurs bateaux sortaient du chenal de Bristol et cinglaient à l'ouest de l'Irlande, et parce qu'il n'existait aucune terre connue à l'ouest de l'Irlande — Jay n'avait pas découvert le « Hy-Brasil » —, on supposa que Croft et Jay achetaient leur poisson quelque part. Parce qu'il était illégal, pour un fonctionnaire des douanes, de se lancer dans un commerce avec l'étranger, Croft fut poursuivi. Il clama qu'il avait trouvé de la morue plus loin, dans l'Atlantique, et fut acquitté sans révéler aucun secret.

À la grande joie de la presse britannique, on a récemment découvert une lettre. Elle fut envoyée à Christophe Colomb, une décennie après l'affaire Croft à Bristol, alors que le héros était salué pour sa découverte de l'Amérique. La lettre, signée de marchands de Bristol, alléguait que des marins du port étaient déjà allés en Amérique, et que Colomb le savait parfaitement. On ignore si le navigateur répondit. Il n'en eut pas besoin. Les pêcheurs gardent leurs secrets, tandis que les explorateurs les livrent au monde. Colomb revendiqua la totalité du Nouveau Monde pour l'Espagne.

Plus tard, en 1497, cinq ans après que Colomb eut trouvé les Caraïbes par hasard, en cherchant vers l'ouest la route de l'Asie et des épices, Giovanni Caboto partit de Bristol, non pas en quête du secret de Bristol, mais dans l'espoir d'ouvrir la route vers l'Asie que Colomb avait ratée. Caboto était Génois. La postérité le connaît sous le nom anglais de John Cabot, parce qu'il entreprit ce voyage pour le compte d'Henry VII d'Angleterre. Les Anglais, vivant au nord de l'Europe, étaient loin de la route des épices, et payaient celles-ci exceptionnellement cher. Cabot se dit avec raison que la Couronne britannique et les marchands de Bristol seraient désireux de financer la recherche d'une route des épices septentrionale. En juin 1497, après seulement trente-cinq jours de mer, Cabot aperçut une terre qui n'était pas l'Asie. C'était une vaste côte rocheuse, idéale pour saler et sécher le poisson, et jouxtant une mer qui regorgeait de morues. Cabot mentionna les morues pour preuve de la richesse de cette nouvelle terre — *New Found Land*, « Terre-Neuve », qu'il revendiqua pour l'Angleterre. Trente-sept ans plus tard, vint Jacques Cartier, qui fut crédité de la découverte de l'estuaire du Saint-Laurent : le Malouin planta une croix dans la péninsule de Gaspé et revendiqua le tout pour la France. Il nota, au passage, la présence de mille bateaux de pêche basques. Mais les Basques, désireux de garder leurs chers secrets, n'avaient jamais rien revendiqué pour personne.

La morue pond un millier d'œufs,
La simple poule un seul.
La morue ne caquette jamais
Pour dire ce qu'elle a fait.
Ainsi méprisons-nous la morue,
Tandis que nous prisons l'humble poule,
Qui se contente de montrer
Que rapporter rapporte.

Poésie anonyme américaine

FOLIE DE MORUE MÉDIÉVALE

On mange la morue salée avec une sauce à la moutarde ou nappée de beurre frais fondu.

Guillaume Tirel, dit Taillevent
Le Viandier, 1375.

Taillevent, maître queux de Charles V de France, laissa son œuvre sous la forme d'un rouleau manuscrit. Comme presque tous les cuisiniers qui vinrent après lui, il pensait que la morue salée était une nourriture âpre qu'il convenait d'enrichir avec du gras, alors que la morue fraîche était un aliment doux qui nécessitait d'être vivifié par des assaisonnements. Il présenta une recette de morue fraîche, et plusieurs de « jance », une sauce qui reflète les façons épicées du temps.

En france : morue fraîche

Préparée et cuite comme le mulet rouge, avec du vin durant la cuisson ; on la mange avec de la jance. Certaines personnes ajoutent de l'ail, d'autres non.

Recettes de jance

Jance au lait de vache : Moudre du gingembre et du jaune d'œuf, les infuser avec du lait de vache, et les faire bouillir.

La course à Moruland

Jance à l'ail : Moudre du poivre, de l'ail et des amandes, les infuser dans un bon verjus, puis les faire bouillir. Ajouter du vin rouge (selon le goût).
Jance au gingembre : Moudre du gingembre et des amandes, mais pas d'ail. Infuser dans du verjus, puis faire bouillir. Certains ajoutent du vin blanc. (Le verjus était à l'origine fait de jus acide d'oseille, plus tard de jus de prunes immatures.)

EN ANGLETERRE : COQUES DE PETITE MORUE

Dans cette recette, rédigée à l'origine en anglais médiéval, une petite morue est découpée en morceaux de la taille d'une coque.

Prendre des coques de petite morue ; les couper menu. Les préparer dans un bouillon de poisson ou de saumon frais ; les faire bien bouillir. Les mettre dans du lait, et les dresser sur une tranche de pain avec du sel, du safran, du sucre et de la poudre de poivre. Servir aussitôt, en même temps que d'autres poissons : turbot, brochet, saumon, découpés et taillés. Les assaisonner avec vinaigre et sel.

Tiré d'un manuscrit anonyme de la
Yale University's Beinecke Library,
daté du XIIe au XVe siècle.
[L'utilisation du sucre plaide
pour le XVe.]

2

La bouche grande ouverte

« On a calculé que si aucun accident ne perturbait la ponte des œufs, et si chaque œuf atteignait sa maturité, cela ne prendrait que trois ans pour remplir la mer à tel point qu'on pourrait traverser l'Atlantique à pied sec sur le dos des morues. »

Alexandre Dumas,
Le Grand Dictionnaire de cuisine, 1873.

Le héros, *Gadus morhua*, n'est pas joli garçon.

Il est bâti pour survivre. Fécond, insensible à la maladie et au froid, se nourrissant de tout ce qui se mange... Croisant en eau peu profonde, près des côtes, il fut le parfait poisson commercial. Les Basques avaient localisé ses bancs les plus riches. La morue aurait dû durer toujours : longtemps, on pensa qu'elle le ferait. En 1885, le ministère de l'Agriculture canadien déclarait encore : « À moins que l'ordre de la nature ne soit renversé, pour les siècles à venir nos pêcheries continueront d'être fertiles. »

La morue est omnivore, ce qui signifie qu'elle mange de tout. Elle nage la bouche ouverte et avale ce qui peut la remplir — y compris de jeunes morues. Sachant cela, les pêcheurs sportifs de Nouvelle-Angleterre et des Provinces maritimes du Canada prennent l'animal au leurre : cette méthode de capture sans vif utilise un appât dont l'aspect et le mouvement imitent l'une des proies favorites du poisson recherché. Le leurre à morue est un morceau de plomb, parfois conçu pour ressembler à un hareng, mais souvent façonné en forme de jeune morue.

L'animal peut être attiré par un morceau de plomb sans fioritures. Des pêcheurs anglais disent avoir trouvé dans le ventre de l'animal des tasses de plastique jetées par-dessus bord depuis des ferries qui traversaient la Manche. En 1994, un pêcheur sportif hollandais prit une morue qui avait avalé un dentier : on détermina que les fausses dents étaient celles d'un Néerlandais de soixante ans, qui les avait perdues trois mois plus tôt. Cela montre, non seulement que les morues peuvent tenter de manger n'importe quoi, mais aussi que peu d'entre elles ont des chances d'échapper à la capture.

L'avidité de la morue la rend aisée à prendre, en effet, mais ce poisson n'est pas drôle pour le pêcheur sportif. Une fois ferré, l'animal ne se bat pas pour se libérer. Il s'agit seulement de le hisser. Il est souvent grand et lourd. Les pêcheurs à la ligne de Nouvelle-Angleterre préfèrent de loin attraper la carangue ou la sériole — le « poisson bleu » : celui-ci incarne un chasseur actif, un combattant acharné. Une fois qu'il est ferré, la lutte commence pour rembobiner la ligne. Mais le pêcheur de « poisson bleu » rapporte à la maison un animal à la chair sombre et huileuse, typique du lutteur de pleine eau, aux muscles conçus pour une nage puissante. À l'inverse, la morue est prisée pour la blancheur de sa chair, la plus blanche qui soit parmi les poissons blancs, lesquels appartiennent à l'ordre des gadiformes. Cette chair est d'un blanc si pur que ses flocons semblent luire sur l'assiette. La blancheur caractérise le tissu musculaire mou des poissons qui vivent en quasi-apesanteur dans le milieu proche du plancher océanique. Une morue tentera, certes, de fuir en nageant devant le chalut qui avance ; mais, en moins de dix minutes, elle se laissera tomber dedans, épuisée. Le muscle blanc n'est pas conçu pour la résistance, mais pour l'acte rapide — pour la soudaineté avec laquelle la morue, croisant lentement, se jette sur sa proie.

La chair de la morue ne contient pratiquement pas de graisses (0,3 pour 100), mais plus de 18 pour 100 de protéines, ce qui est inhabituellement élevé, même pour un poisson. Lorsqu'elle est séchée, et que plus de 80 pour 100 de son poids — en eau — se sont évaporés, elle devient de la protéine concentrée à plus de 80 pour 100.

Il n'y a presque pas de déchets dans ce poisson. La tête est plus savoureuse que le corps, en particulier la gorge, appelée « langue », et les petits disques de chair de chaque côté, nommés « joues ». La vessie natatoire, ou vésicule, sorte d'organe tubulaire logé contre l'arête et qui peut s'emplir ou se vider de gaz afin d'ajuster la densité du corps à la profondeur de la nage, est récupérée pour fabriquer de la colle de poisson, laquelle sert dans l'industrie comme agent de clarification ou pour la confection de colles. La vessie natatoire est aussi frite par certains peuples pêcheurs, voire cuisinée en bouillabaisse ou en ragoût. Les œufs sont mangés frais ou fumés. Les pêcheurs de Terre-Neuve font leurs délices des gonades femelles, cet organe à double pointe qu'ils appellent « caleçon » à cause de sa forme à deux « jambes ». Le « caleçon » est frit comme la vessie natatoire. Les Islandais ont encore coutume d'absorber le « lait » des mâles — le sperme — dans du petit lait. Les Japonais ingèrent ce même mets. L'estomac, les tripes, le foie sont consommés — et l'huile de foie est hautement estimée pour ses vitamines.

Les Islandais farcissent les estomacs de morues avec les foies du poisson, les font bouillir pour les attendrir et les dégustent comme des saucisses. Ce plat est également préparé dans les Highlands d'Écosse, où sa popularité douteuse n'est pas favorisée par son nom local : « mollasse de foie ». Les tripes de l'animal sont appréciées en Méditerranée.

La peau est ou bien mangée, ou bien apprêtée en cuir. Les Islandais ont coutume de la rôtir et de la servir aux enfants avec du beurre. Ce qui reste du poisson — les autres organes et les os — donne un excellent engrais. Cependant, jusqu'au XXe siècle, les Islandais ont amolli les os dans du lait aigre, et les ont consommés comme le reste.

Le mot français « morue » vient peut-être du celtique *mor*, « mer », et de l'ancien français *luz*, « brochet » ; soit « brochet de mer »... L'origine du mot anglais *cod* reste énigmatique. Pour une substance qui commença sa carrière en tant que nourriture des bons catholiques les jours où ils devaient s'abstenir de sexe, il n'est pas facile de comprendre pourquoi, dans diverses langues, le mot « morue » possède tant de connotations sexuelles. En anglais des Indes occidentales, *salt fish* (« poisson salé ») désigne la morue salée ; mais, en argot, *saltfish* signifie « sexe de femme ». Les Antillais aiment la morue, certes, mais l'autre raison explique peut-être la fréquence du mot *saltfish* dans les chansons des Caraïbes.

En anglais médiéval, *cod* signifie « sac » et, par extension, « scrotum » ; voilà pourquoi la fronce outrageusement exagérée — la braguette — que les hommes du XVIe siècle portaient sur le bas-ventre pour mimer d'énormes organes génitaux, était dite *codpiece* en Grande-Bretagne. Le dictionnaire de Samuel Johnson, en 1755, définit *cod* comme « tout étui ou gousse dans lequel les graines sont logées ». Cela a-t-il un rapport avec le poisson ? Bien des lettrés en doutent, mais ne proposent aucune autre explication sur l'origine du mot. Henry David Thoreau supposait que le poisson avait été nommé *cod* par référence aux gousses végétales emplies de graines, parce que les femelles portent des millions d'œufs.

Il existe d'autres connexions entre la morue et les bourses. Dans la péninsule canadienne de Gaspé, où les Français pêchaient la morue avant même la naissance de Shakespeare, et où les habitants utilisent chaque parcelle du poisson, la peau de la morue est transformée en une sorte de cuir dont on fait des bourses. Même chose en Islande. Le mot *cod* pourrait aussi venir de la poche située à l'arrière des filets à poissons. Sur les chalutiers modernes, on appelle toujours cette pièce « queue de morue ».

En Grande-Bretagne, depuis le XIXe siècle, *cod* veut dire « plaisanterie » ou « fredaine » — peut-être à cause de l'ancienne braguette, tellement plus grande que ce qu'elle annonçait... Cependant, le mot danois pour la morue — *torsk* — possède le sens familier de « fou ».

Le français « morue » a donné à l'espèce atlantique son deuxième nom latin *(Gadus mohrua)*. Mais curieusement, au cours du XIXe siècle, tandis que *cod* devenait une « fredaine » en anglais, « morue » prenait le sens de « prostituée » en français. Les dictionnaires étymologiques ne fournissent guère d'explications à ce sujet, sinon que la coutume a probablement commencé avec les vendeurs des Halles de Paris, prompts à l'anthropomorphisme, en particulier avec les poissons. Les proxénètes étaient les « maquereaux », gras poissons prédateurs... Au XIXe siècle, rien ne symbolisait autant le commerce débridé que la morue : c'était une marchandise vulgaire. « Oui, oui, je vais te dessaler, grosse morue ! » lance un personnage du roman *L'Assommoir* (1877) d'Émile Zola. Et quand Louis-Ferdinand Céline écrit que les étoiles sont « des morues », il ne veut pas dire qu'elles sont faites de poisson salé, mais que l'Univers entier est discrédité et perverti.

En français moderne, la morue fraîche est appelée « cabillaud », mot qui vient du hollandais *kabeljauw*. Les Français ont adopté ce terme étranger pour désigner le poisson frais, qui ne les intéresse que modérément, et réservé le mot « morue », pourtant bien antérieur, au poisson salé. Au Québec, où la langue a moins changé depuis le XVIIIe siècle, « cabillaud » est inconnu. On parle de « morue fraîche » ou de « morue salée ».

Pour les Espagnols, les Italiens et les Portugais, la morue fraîche n'existe guère, et ils n'ont pas de terme pour la désigner, excepté quelque chose comme « morue salée fraîche ». En italien, « morue salée » se dit *baccalà*, et en portugais *bacalhau* ; mais ces deux mots viennent de l'espagnol *bacalao.* Typique de l'Espagne, où les Basques et les Catalans prétendent que ce vocable est tiré de leur langue, tandis que le reste de l'Espagne dément ! Un mythe catalan raconte que la morue, orgueilleux roi des poissons, ne cessait de se vanter, ce qui offensa Dieu. *Va callar !* — « tais-toi ! » —, dit Dieu à la morue, en catalan... Quelle que soit l'origine du mot, en espagnol *lo que corta el bacalao*, « celui qui coupe la morue », désigne familièrement la personne qui s'y colle...

***

Au sens large, les morues incluent dix familles et plus de deux cents espèces. Presque toutes vivent dans les eaux salées froides de l'hémisphère Nord. On pense que ces animaux ont acquis leurs caractéristiques actuelles il y a environ 120 millions d'années, dans la Téthys, cette mer tropicale qui faisait le tour de la Terre, reliée à tous les autres océans. Puis la Téthys fusionna avec une mer septentrionale, et les morues devinrent des poissons de l'Atlantique Nord. Plus tard encore, quand le pont de terre entre l'Asie et l'Amérique du Nord se brisa, ces créatures trouvèrent une route vers le Pacifique Nord. Chez les gadiformes, l'évolution s'observe aux nageoires. La mostelle, ou motelle, possède pratiquement une seule nageoire tout autour du corps, avec une queue à peine distincte. La lingue expose une queue bien visible et une petite deuxième dorsale. Sur la merluche, la dorsale antérieure devient beaucoup plus nette. Sur le merlan, on compte trois dorsales, et l'anale s'est divisée en deux. Sur les gadiformes les plus perfectionnés — morue, églefin

Gravure de William Lizars, *Jardine's Naturalist's Library*, 1833.

(ou aiglefin, ou haddock) et lieu —, ces trois dorsales et ces deux anales sont amples et bien séparées.

En dépit de leur origine en eau chaude, les morues ne comptent plus qu'une seule espèce tropicale, le minuscule *Bregmaceros*, sans valeur commerciale et aux mœurs inconnues. Une espèce habite l'Atlantique Sud et une autre en eau douce : la lotte, dont la chair blanche, même si elle n'a pas la qualité de celle de la morue de l'Atlantique, est appréciée des pêcheurs lacustres d'Alaska, des Grands Lacs américains, de Nouvelle-Angleterre et de Scandinavie. Les Norvégiens jugent que la lotte possède un foie délicieux. D'autres gadiformes sont agréables à manger, mais sans importance commerciale. Les pêcheurs sportifs aiment lancer sur les côtes de Long Island et de la Nouvelle-Angleterre, et prendre le petit « tomcod », variété de tacaud qui possède un équivalent dans le Pacifique.

Pour les pêcheurs professionnels, seules comptent en réalité cinq sortes de gadiformes : la morue de l'Atlantique, l'églefin, le lieu, le merlan et la merluche. De plus en plus, un sixième gadiforme tend à s'ajouter à la liste : la morue du Pacifique *(Gadus macrocephalus)*, version plus petite que celle de l'Atlantique et dont la chair est jugée d'un peu moindre qualité.

L'espèce de l'Atlantique est la plus grande, et possède la chair la plus blanche. Dans l'eau, ses cinq nageoires impaires se déploient et lui donnent une forme élégante, que souligne sur chaque flanc une ligne blanche incurvée. On la reconnaît aussi à sa queue plus carrée que fourchue, et aux curieux appendices de son menton, les barbillons, dont les biologistes pensent qu'ils lui servent à tâter le plancher de l'océan.

Plus petit, l'églefin, ou haddock, a la même morphologie, mais il est nuancé de charbon de bois sur le dos, tandis que la morue est tachetée de brun et d'ambre. L'églefin montre aussi une tache noire de chaque côté du corps, au-dessus de la pectorale. Sa bande latérale est noire, et non blanche. En Nouvelle-Angleterre, on fournit une explication traditionnelle à cette différence. La morue y est souvent qualifiée de « sacrée » — en vérité, parce qu'elle a rapporté aux habitants maints sacrés dollars ! Mais, selon le folklore local, c'était le poisson que le Christ avait multiplié pour nourrir la foule. La légende affirme que Satan essaya de faire la même chose. Mais, parce que ses mains étaient brûlantes, le poisson s'échappa en se tortillant. Les cicatrices de brûlures du pouce et de l'index du diable laissèrent les stries noires. Hors d'ici, églefin !

Cette histoire illustre la différence qui existe entre la

morue et l'églefin, non seulement dans les rayures, mais dans la réputation. Les pêcheurs britanniques et islandais ne prennent qu'à contrecœur les églefins, lorsque leurs quotas de morues sont remplis, car ils tirent toujours un meilleur prix de ces dernières. Les Islandais préfèrent l'églefin. Ils consomment rarement la morue — sauf séchée. Lorsqu'on lui demande pourquoi, le cuisinier Ulfar Eysteinsson, de Reykjavik, répond : « Nous ne mangeons pas notre argent ! »

Les étoiles sont « *tout morue* », et la morue est de l'argent. L'églefin n'est que nourriture. Les habitants de la Nouvelle-Ecosse, conformément à leurs homologues écossais, préfèrent l'églefin — le haddock —, même pour le *fish-and-chips*, ce qui serait considéré comme une tromperie à Terre-Neuve, et virtuellement comme une fraude dans le sud de l'Angleterre. Dans le nord de l'Angleterre, comme en Ecosse, on est en faveur du haddock.

Loin de l'aire de distribution de la morue de l'Atlantique, la merluche sert d'ersatz. Ce gadiforme, exceptionnel parce qu'on le rencontre dans les deux hémisphères, incarne un poisson populaire, frais ou conservé, au Chili, en Argentine, en Nouvelle-Zélande et surtout en Afrique du Sud. Les Basques, qui appréciaient la morue salée plus que tout autre mets, eussent plutôt consommé de la merluche fraîche que de la morue fraîche. Parce que la merluche se rencontre dans les eaux voisines de l'Espagne, y compris en Méditerranée, « morue » signifiait pour eux « conserve », et « merluche » voulait dire « frais ». Certains cuisiniers basques affirment préférer la langue de merluche à la langue de morue, mais ce qu'ils entendent par là est qu'ils aiment mieux la langue fraîche qu'en conserve.

La morue est un poisson idéal à conserver, même si tous les autres gadiformes sont à présent mis en conserve, souvent comme substituts bon marché de la morue. La lingue salée est une tradition écossaise. Le merlan séché au vent, et humidifié à l'eau de mer durant le séchage — ce qui lui donne un goût inimitable —, est devenu au XVIIIe siècle une spécialité du nord d'Aberdeen. À la même époque, au sud d'Aberdeen, les femmes de pêcheurs de Findon séchaient l'églefin sur le rivage et le fumaient au-dessus d'un feu de tourbe et d'algues ; telle est l'origine du toujours fameux *haddie* (haddock) fumé. Celui-ci a acquis un tel prestige que, aux États-Unis, une morue fumée d'occasion se fera passer pour du haddock fumé, tandis qu'un églefin salé voudra se faire prendre pour de la morue salée...

En dépit de préférences occasionnelles locales, sur le marché mondial, la morue reste la bonne aubaine. Ce fut vrai aux siècles passés, quand on la recherchait comme source de nourriture peu onéreuse et durable. Cela demeure aujourd'hui, en tant que délice de plus en plus luxueux... Quoiqu'on ait fermé les Grands Bancs, chaque année on capture dans le monde plus de six millions de tonnes de gadiformes, dont plus de la moitié en morues de l'Atlantique, *Gadus morhua.* Pour les pêcheurs, tellement attachés aux traditions, cette pêche est parée d'un réel prestige. Les fiers pêcheurs de morues s'indignent, ou à tout le moins s'attristent, lorsqu'on leur suggère qu'ils pourraient se rabattre sur ce qu'ils tiennent pour des espèces inférieures.

Outre ses qualités culinaires, la morue est éminemment pêchable... Elle préfère les eaux peu profondes, ne s'aventurant que rarement à cinq cents mètres, mais commune à moins de vingt brasses (trente-six mètres). La morue migre pour frayer, et se déplace dans les eaux peu profondes contiguës à la côte, en cherchant des zones de frai plus tièdes. Ce qui la rend encore plus aisée à capturer.

Les populations se répartissent en sous-groupes adaptés à des aires spécifiques, de tailles et de couleurs variées — du jaune au brun, au vert et au gris —, en fonction des conditions locales. Dans les eaux sombres de l'Islande, l'espèce est brune à taches jaunes, mais il suffit de deux jours à l'un de ces animaux, placé dans la vive lumière d'un aquarium, pour devenir si pâle qu'il en semble albinos ! La prétendue population nordique — la morue de Terre-Neuve et du Labrador — est plus petite au même âge que celle du Massachusetts, où l'eau est plus chaude. Même s'il reste un poisson d'eau froide, et s'il préfère les températures comprises entre un et cinq degrés Celsius, ce poisson grandit davantage dans les eaux tièdes de son domaine. Historiquement, mais pas dans les années récentes à cause de la surpêche, la population du Massachusetts était la plus grande et la plus charnue du monde.

La morue fabrique une protéine qui joue le rôle d'antigel et la rend capable de survivre aux températures proches de celles de la glace. Si un pêcheur la hale hors d'une eau en cours de solidification, ce qui n'arrive pas tant qu'elle nage sous la glace, la protéine cesse de fonctionner et le poisson cristallise instantanément.

La morue se nourrit des créatures marines qui pullulent aux points où les courants chauds et froids se rencontrent — où le courant du Golfe (le Gulf Stream) frôle le courant nord-américain du Labrador, puis où il rencontre les courants arctiques des îles Britanniques, de la Scandinavie et de la Russie. La morue du Pacifique se tient au large de l'Alaska, où le courant chaud du Japon touche le courant arctique. En vérité, la morue suit si fidèlement cette limite des courants chauds et froids, que certains scientifiques pensent que les variations des modèles météorologiques pourraient être contrôlés par le repérage des lieux où les pêcheurs trouvent des morues. Quand les eaux froides nordiques deviennent trop froides, les populations migrent vers le sud ; les années chaudes, elles voyagent vers le nord.

De Terre-Neuve au sud de l'Angleterre, il existe une série de zones peu profondes, qu'on appelle des « bancs » — le plus méridional étant le banc Georges, au large du Massachusetts, qui est plus vaste que cet État. Plusieurs grands bancs de Terre-Neuve et du Labrador reçoivent le nom collectif de Grands Bancs. Le plus vaste de ces derniers, le « Grand Banc » au sens strict, est plus étendu que Terre-Neuve. Des concentrations énormes d'animaux peuplent le rebord du plateau continental de l'Amérique du Nord. Cette contrée marine est riche en phytoplancton, dont la floraison dépend des nitrates que les conflits de courants agitent. De minuscules espèces du zooplancton se gorgent de phytoplancton. De petites créatures à l'allure de crevettes nageuses, et qu'on appelle « krill », dévorent le zooplancton. Les harengs et d'autres espèces de pleine eau émergent pour gober le krill près de la surface, et les oiseaux de mer plongent pour happer à la fois le krill et les poissons. Les baleines à bosse se nourrissent des mêmes proies. C'est ce riche environnement qui engendre les morues par millions. En mer du Nord, on trouve des zones analogues ; mais sur les bancs nord-américains, où les eaux du golfe du Mexique rencontrent les eaux arctiques du Groenland, la densité de morues est bien supérieure à ce qu'elle est en Europe. Tel est le secret que les Basques découvrirent.

Meilleure nouvelle encore pour les pêcheurs : une morue femelle d'un mètre de longueur peut lâcher trois millions d'œufs quand elle fraie. Un poisson plus long de vingt-cinq centimètres en pondra neuf millions ! La morue peut vivre vingt ou même trente ans, mais la taille plus que l'âge détermine sa fécondité. L'image d'Alexandre Dumas, selon laquelle tous les œufs ayant éclos, on pourrait traverser l'océan à dos de poisson, est typique de l'enthousiasme qu'au XIXe siècle on ressentait pour l'espèce. Mais cela ne saurait en aucun cas arriver. Dans l'ordre de la nature, la morue produit précisément cette profusion d'œufs parce que seul un petit nombre atteindra la maturité. Les œufs flottent librement. Ils sont en grande partie détruits, ballottés à la surface de la mer ; ou bien avalés par d'autres espèces. Après deux semaines, les rares survivants éclosent, et les larves se nourrissent avidement, d'abord de phytoplancton, puis de zooplancton et de krill. Ainsi en va-t-il si ces alevins réussissent à attraper ces aliments avant les autres poissons, les oiseaux et les baleines. Les bébés morues qui n'ont pas été dévorés, ou qui ne sont pas morts d'inanition lors des trois premières semaines, atteignent alors trois centimètres de longueur. Ces jeunes poissons transparents quittent la surface de la mer, et entament leur vie au fond, où ils recherchent les aires de graviers et les surfaces rugueuses qui leur permettent de se dissimuler aux yeux de leurs nombreux prédateurs — parmi lesquels figurent les morues adultes. Comme disent les biologistes, une énorme production d'œufs est indispensable pour engendrer une vigoureuse génération. Si chaque femelle, au cours de son existence, et grâce à ses millions d'œufs, réussit à produire deux jeunes qui parviennent à l'âge adulte et à la maturité sexuelle, la population reste stable. La première année est la plus difficile à passer. Ensuite, les morues n'ont que peu de prédateurs, et de nombreuses proies. Parce que la morue mange à peu près n'importe quoi, elle adapte son régime aux conditions locales, dévorant des mollusques dans le golfe du Maine, des harengs, des capelans et des calmars dans le golfe du Saint-Laurent, etc. La morue de l'Atlantique est particulièrement résistante aux parasites et aux maladies, bien davantage que l'églefin ou le merlan.

Si jamais il y eut poisson conçu pour durer, ce fut la morue de l'Atlantique — ce poisson ordinaire. Mais il compte l'homme parmi ses prédateurs ; une espèce dont la bouche grande ouverte est bien plus avide que celle la morue...

LA TÊTE BIEN CUITE

Les recettes de Hannah Glasse témoignent de ce que la cuisine britannique a perdu en habileté, notamment dans l'art de rôtir. Un siècle après Glasse, l'écrivain culinaire Jean Anthelme Brillat-Savarin écrira : « On peut naître cuisinier, mais on apprend à rôtir. »

Pour rôtir une tête de morue

Nettoyez-la avec soin et entaillez-la avec un couteau ; jetez un peu de sel dessus, et disposez-la dans une cocotte sur le feu, de façon qu'elle puisse rôtir. Jetez toute l'eau qui vient durant la première demi-heure ; puis saupoudrez d'un peu de noix muscade, de clous de girofle, de fleurs de muscade finement battues et de sel ; saupoudrez de farine et badigeonnez de beurre. Au bout d'un moment, retournez la tête, assaisonnez-la de l'autre côté et badigeonnez de beurre et de miettes de pain. S'il s'agit d'une grosse tête, elle aura besoin de quatre ou cinq heures pour cuire ; tenez prêt du beurre fondu, un anchois et un peu du foie du poisson bouilli et finement brŏyé, que vous mélangerez bien au beurre, et deux jaunes d'œufs battus, également mêlés au beurre ; passez le tout au filtre, et ajoutez à cette sauce quelques crevettes, ou des coques à la saumure, deux cuillerées de vin rouge et le jus d'un citron. Versez tout dans la casserole où la tête de morue rôtit, mélangez, ne cessez pas de remuer et faites bouillir ; versez dans un faitout. Garnissez la tête avec des poissons frits, du citron et du raifort râpé. Si vous avez un four en étain, c'est encore meilleur.

Hannah Glasse,
L'Art de la cuisine : Clair et Simple,
bien supérieur à tout ce qui a été
publié par une femme dans le genre,
Londres, 1747.

Glasse propose d'autres recettes, tout aussi élaborées, pour des têtes de morues bouillies ou cuites du four.

Voir aussi pages 279-283

3

Ruée vers la morue

> « Si la morue nous abandonne, qu'allons-nous attraper ? Qu'allons-nous rapporter à Bergen pour l'échanger contre de l'or ? »
>
> Peter Daas,
> *La Trompette du Nord*, Norvège, 1735.

Le secret des Basques était éventé.

Raimondo di Soncino, envoyé de Milan à Londres, écrivit la lettre suivante au duc de Milan, le 18 décembre 1497. Il y racontait le retour de John Cabot, le 6 août précédent :

> Là-bas, la mer grouille de tant de poissons qu'on peut les prendre non seulement au filet, mais avec des paniers qu'on leste d'une pierre, et qui s'enfoncent dans l'eau. J'ai entendu Messer Zoane l'affirmer. Les mêmes Anglais, ses compagnons, disent qu'ils pourraient rapporter tellement de morues que le Royaume n'aurait plus besoin de l'Islande, d'où proviennent de très grosses quantités de ce poisson qu'on nomme *stockfish*.

De cette assertion, des historiens ont conclu que les hommes de John Cabot capturèrent des morues simplement en immergeant des paniers lestés. Rien ne prouve que Cabot ait prétendu chose pareille ; on ignore si la source de Soncino était digne de foi. Cependant, des narrations postérieures confirment que la côte de l'Amérique du Nord bouillonnait réellement de morues — d'une dimension qu'on n'avait jamais vue ailleurs, et en bancs d'une densité sans précédent, au moins dans l'histoire connue de l'Europe.

Lorsque les Européens y prirent pied, l'Amérique du Nord possédait une richesse en gibier et en poissons sans exemple. Des vols d'oiseaux, notamment de pigeons migrateurs (l'espèce est aujourd'hui éteinte), pouvaient obscurcir le ciel pendant des heures. En 1649, Adriaen Van der Donck, gouverneur de la Nouvelle-Amsterdam, notait que ce qui forme aujourd'hui les eaux de New York recelait des homards de six pieds. Un siècle après Cabot, les Anglais décrivaient encore des captures de morues de cinq pieds au large du Maine, tandis qu'au Canada se perpétuent des histoires de « morues grandes comme des hommes ». En 1838, on prit un exemplaire de quatre-vingts kilogrammes sur le banc Georges ; et, en mai 1895, au large de la côte du Massachusetts, on tira à la ligne une morue de six pieds, pesant quatre-vingt-quinze kilogrammes. Les hommes de Cabot auraient, en effet, pu écoper des morues hors de la mer avec leurs paniers...

Cabot était un navigateur habile et expérimenté. Il n'arriva à Bristol, avec sa femme et son fils, que deux ans avant son voyage de 1497, frustré par le triomphe de Colomb et rêvant de gloire personnelle. Colomb et Cabot étaient tous deux nés à Gênes — la même année. Ils avaient labouré la Méditerranée pour le compte de commanditaires. Il est probable qu'ils se connaissaient. Cabot a peut-être dû supporter le spectacle de quelques réceptions triomphales offertes à Colomb. Il semble s'être trouvé à Barcelone en avril 1493, lorsque la foule acclama son compatriote génois accueilli en grandes pompes dans la cité. Lorsque Cabot revint en Angleterre, après son voyage en Amérique du Nord, il eut enfin la faveur d'une réception analogue à celles qui honorèrent Colomb en Espagne. En Angleterre, Cabot devint une vedette. Il fut l'homme du moment. Des fans l'assaillaient dans les rues de Bristol ou de Londres, de la même façon qu'ils le feraient aujourd'hui pour une *rock star*. Mais il ne put jouir que brièvement de ce qui fut sa gloire fugitive. Colomb s'apprêtait à embarquer pour son *troisième* voyage. Grâce à sa récente célébrité, Cabot trouva sans peine des fonds pour une deuxième expédition, forte de cinq bateaux. L'un de ces navires fit presque aussitôt demi-tour ; des quatre autres, et de Cabot lui-même, on n'entendit plus jamais parler. Ce fut la première d'une longue série d'infortunes.

De leur côté, les Portugais exploraient et cartographiaient l'Amérique du Nord. En 1502, l'une de leurs cartes identifie Terre-Neuve comme la « Terre du roi du Portugal ». Aujourd'hui encore, nombre de Portugais considèrent que Terre-Neuve fut découverte par l'un des leurs. Beaucoup des premières cartes de l'île portent des noms portugais, qui ont survécu, même en perdant leur apparence portugaise. *Cabo de Espera* (« cap Espérance »), cette pointe de terre entre Saint-Jean et Petty Harbour, est devenu *Cape Spear*. *Cabo Raso* est désormais *Cape*

Race, et l'*Isla dos Baccalhao*, l'île Baccalieu. En 1500, Gaspar Côrte Real cingla vers Terre-Neuve et l'appela *Terra Verde*, « Terre Verte ». Il s'agissait du plus jeune fils de Joao Vaz Côrte Real, despotique souverain des Açores — l'un de ces marins dont on prétend qu'ils avaient gagné l'Amérique avant Colomb. En 1501, durant son second voyage, après avoir envoyé au pays cinquante-sept esclaves Beothuk, Gaspar Côrte Real, comme Cabot, disparut dans les parages de Terre-Neuve avec bateau et marins. L'année suivante, ce fut au tour de son frère Miguel de s'y perdre, avec navire-amiral et équipage.

Ce sinistre dossier inaugural ne découragea pas les vocations. La pêche s'ouvrit à Terre-Neuve dans l'enthousiasme d'une ruée vers l'or. En 1508, dix pour cent du poisson vendu dans les ports portugais de Douro et de Minho était de la morue salée de Terre-Neuve. En France, les Bretons et les Normands eurent l'avantage de disposer de la proximité de deux excellents marchés de l'époque, Rouen et Paris. En 1510, la morue salée était devenue le produit principal de l'actif marché normand de Rouen. Au milieu du XVIe siècle, soixante pour cent du poisson consommé en Europe était de la morue. Ce pourcentage allait rester stable au cours des deux siècles suivants.

Le commerce de la morue de Terre-Neuve modifia les marchés et fit surgir des ports. Sur la côte atlantique française, parce qu'il n'était pas sur un fleuve — défaut rédhibitoire, tant les marchandises voyageaient sur les rivières —, le port de La Rochelle était jugé de second ordre. Tout ce qu'il avait pour lui, hormis un havre bien protégé, était une classe marchande protestante et résolue, qui sut saisir l'opportunité commerciale de la morue de Terre-Neuve. La Rochelle devint le premier port de pêche terre-neuvas d'Europe. Entre le premier voyage de Cabot et 1550, sur cent vingt-huit missions à Terre-Neuve, plus de la moitié partirent de La Rochelle.

Les Français en général dominèrent cette époque, puisqu'ils armèrent quatre-vingt-treize de ces cent vingt-huit expéditions. Le reste se répartit entre Anglais, Espagnols et Portugais. Les chiffres qui concernent les Basques, à l'image du destin de ce peuple, sont ensevelis dans les statistiques françaises et espagnoles ; mais les ports basques français de Bayonne et de Saint-Jean-de-Luz furent importants durant la première moitié du siècle.

Bien que Cabot eût revendiqué l'Amérique du Nord pour le compte de l'Angleterre, les pêcheurs anglais ne se mêlèrent pas tout de suite à la ruée vers la morue : leurs captures en Islande restaient bonnes. Ces poissons les avaient, les premiers, attirés loin de la sécurité de leurs côtes, aux temps préromains. Au début du XVe siècle, leurs ketchs à deux ou trois mâts, avec gouvernail, partaient pour l'Islande et les îles Feroë. Ils étaient parmi les meilleurs bateaux de pêche de l'époque. Jusqu'au XIXe siècle, les Islandais ne disposeraient pas de vaisseaux de qualité égale pour opérer dans leurs eaux.

Cependant, le conflit entre les Anglais et les Allemands de la Ligue hanséatique sur les droits de pêche en Islande devenait de plus en plus âpre. En 1532, un Anglais nommé John the Broad fut assassiné dans la station de pêche islandaise de Grindavik. Les « guerres de la morue » britanniques en Islande nous semblent un phénomène du XXe siècle. Mais la première de toutes fut provoquée par ce meurtre de Grindavik. Elle fut déclarée par l'Angleterre, non pas à l'Islande — nation colonisée et docile —, mais à la Ligue hanséatique, qui avait armé sa propre marine militaire. Après un bref combat — et contre toute tradition britannique —, les Anglais se retirèrent. Soncino l'avait prédit : plus jamais, la Grande-Bretagne n'eut besoin de l'Islande.

Avec l'avènement de Terre-Neuve, c'est dans l'ouest des îles Britanniques que les grands ports de pêche se développèrent. À cette époque de lente navigation à la voile, être à l'ouest conférait un immense avantage, puisque cela réduisait la durée du voyage. En dehors de l'Irlande, trop appauvrie pour développer une flotte lointaine, les ports qui conservèrent une importance dans les pêches terre-neuviennes jusqu'au milieu du XXe siècle, furent ceux des contrées européennes les plus proches des Grands Bancs — Saint-Malo en Bretagne, Vigo à l'extrémité nord-ouest de l'Espagne, et les havres du Portugal.

La ville basque espagnole de Bilbao, avec ses usines sidérurgiques qui fabriquaient des ancres et d'autres matériels de métal pour les navires d'Europe, fut l'un des ports qui grandit grâce au « boum » de la construction navale provoqué par le commerce de la morue. Selon l'historien Samuel Eliot Morison, à aucun autre moment dans l'Histoire, sauf pendant la Seconde Guerre mondiale, il n'y eut une aussi forte demande de remplacement de bateaux coulés qu'entre 1530 et 1600. L'ambition européenne précédait de trop loin la technique du temps. Jusqu'à ce que de meilleurs bateaux et une meilleure navigation fussent disponibles, les naufrages et les disparitions restèrent un ingrédient ordinaire de l'aventure.

Dans cet univers de commerce en expansion rapide, les Britanniques avaient un gros handicap sur les Français, les Espagnols et les Portugais : ils ne disposaient que

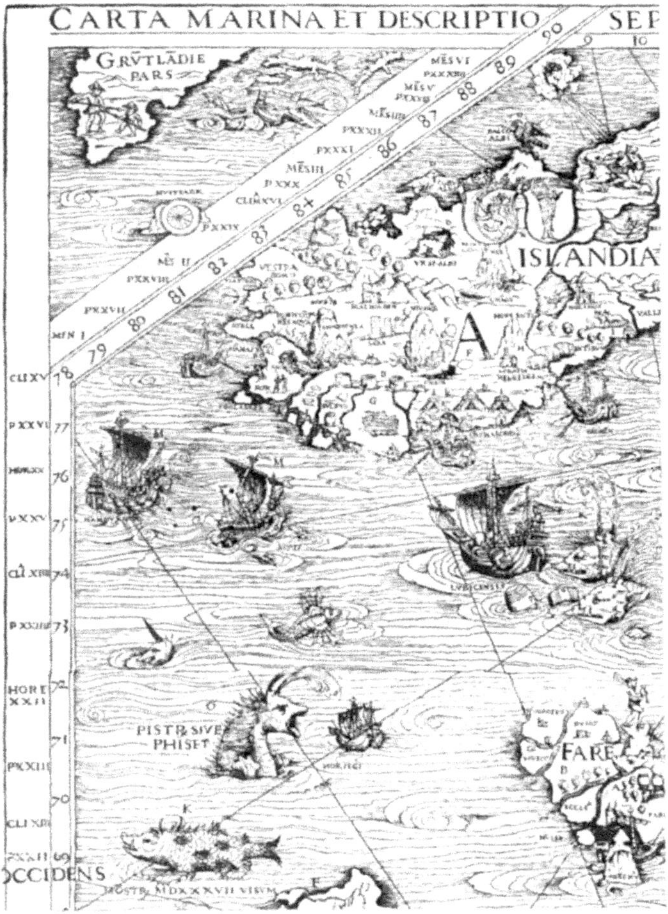

Détail montrant la Guerre de la Morue de 1532, au large de Grindavik ; tiré de la *Carta Marina* d'Olaus Magnus, 1539. (Bibliothèque universitaire d'Uppsala.)

de peu de sel. Maints pays du nord manquaient de cet ingrédient et ne produisaient que du poisson d'hiver, séché mais non salé. On appelait cet aliment « *stockfish* », du mot néerlandais *stok*, « perche », parce que les poissons étaient attachés deux par deux par la queue et suspendus à des perches pour sécher, comme cela se pratique encore en hiver sur les champs de lave d'Islande.

Les Anglais voulaient un approvisionnement en morue annuel, pour un marché en pleine expansion. Ni la mer du Nord ni l'Islande n'étaient assez froides pour sécher le poisson en plein été : c'est la raison pour laquelle les Britanniques devinrent dépendants du sel. Une partie de leurs poissons étaient simplement vendus salés et non séchés. On les appela « morues vertes », non pas à cause de la couleur, mais parce qu'on considérait ce produit comme plus « naturel » que son homologue séché. En essayant d'économiser leurs ressources limitées en sel, les Anglais inventèrent une préparation qui eut durant des siècles les honneurs des marchés en Méditerranée et aux Caraïbes : la morue légèrement salée-séchée. Les Norvégiens appelèrent cela « *terranova fisk* », « poisson de Terre-Neuve », puis utilisèrent le mot « *klipfisk* », « poisson de roche », parce qu'il était séché sur des côtes rocheuses.

À mesure que la morue verte et la morue salée-séchée devinrent disponibles, elles furent préférées au *stockfish* non salé. Leur prix grimpa de façon substantielle. Les Britanniques essayèrent de nouveaux produits, comme la morue séchée d'été des Grands Bancs, connue sous les noms d'*habardine* ou de *poor john*. Dans *La Tempête* de Shakespeare, Trinculo dit de Caliban, qu'il découvre sur la plage : « *Il sent comme un poisson — une très ancienne odeur de poisson —, une espèce de pas des plus récents* poor john. »

Les préparations hivernales étaient réputées les meilleures. On en mit d'autres au point. Certains poissons étaient salés directement, et d'autres conservés en saumure dans des tonneaux. Certaines morues saumurées ou vertes étaient ensuite séchées pour augmenter leur temps de conservation. Il existait non seulement un grand choix de poissons préparés à Terre-Neuve, mais un large spectre de qualités. John Collins, comptable à la Royal Fishery, note dans *Salt and Fishery* : « Quant à leur qualité, nombre d'entre eux puent, car il existe une maxime selon laquelle, si le poisson ou la chair ne sont pas bien préparés, et d'abord salés, ils ne pourront jamais être récupérés. »

Ce n'est pas par hasard qu'un comptable de la Royal Fishery publie un livre sur le sel en 1682. Les pêcheries britanniques se colletaient avec le problème du sel depuis des siècles. Collins mit en évidence que les eaux saumâtres du pourtour de l'Angleterre pouvaient être bouillies, ce qui permettait de récolter davantage de sel que n'en fournissait l'évaporation de l'eau de mer. Il discuta la qualité relative de ce produit, et proposa cette recette pour l'un des meilleurs sels anglais :

> ... une façon de bouillir la saumure en sel à Namptwich. On la fait bouillir dans des boîtes de fer d'à peu près trois pieds carrés, et d'une profondeur de six pouces. Le feu est fait avec de la houille du Staffordshire, et l'une des boîtes les plus petites met deux heures à bouillir.

> « Pour clarifier et décanter l'écume, on utilise du sang de veau, de vache ou de mouton ; lequel, selon la *Transaction philosophique n° 142*, est réputé donner au sel un mauvais goût.

Le terme anglo-saxon *wich* signifie « saline », et toutes les villes anglaises dont le nom se termine ainsi furent, à une époque donnée, productrices de sel. Elles n'en fabriquèrent pourtant jamais assez pour les pêcheries de morues de Terre-Neuve.

Collins mettait en garde contre le sel français, dont il disait qu'il était insalubre. Il avait probablement diverses raisons de parler de la sorte, hormis une aversion globale des Français. Il existait une vivace tradition de contrebande en France, dont le sel formait la marchandise principale. Les Français étaient quasi obsédés par l'idée d'échapper à l'impôt sur le sel, c'est-à-dire à l'essentiel de l'impôt... « Oh ! la pluie a tout nettoyé ! » ou « Quelqu'un l'aura volé ! » faisaient partie de la litanie qu'on servait aux collecteurs d'État. Les Britanniques haïssaient tout autant les taxes sur le sel, et voyaient fouiller leurs maisons quand on y soupçonnait la présence de sel clandestin. Mais l'impôt français sur le sel — la gabelle — était prodigieusement détesté, et fut un des griefs qui conduisit à la Révolution française. Comme bien des réformes de cette Révolution, l'abolition de la taxe saunière ne dura que quinze ans : l'impôt fut réinstauré jusqu'en 1945. Une façon d'échapper à la gabelle consistait à fabriquer son sel soi-même, en faisant évaporer de la saumure. Il est probable qu'une partie de ce sel illicite passait en fraude en Angleterre. Il était en effet, comme disait Collins, « insalubre ».

Les marchands français de Terre-Neuve remplissaient pourtant leurs cales avec du sel légal et de bonne qualité, qui constituait un excellent ballast — et faisaient route vers les Grands Bancs. Ils revenaient avec, dans leurs soutes, des morues salées à la place du sel.

Le sel était un privilège breton. Selon le traité par lequel le duché de Bretagne fut rattaché à la France, les Bretons furent exemptés de la gabelle. Au XVIe siècle, on obtenait le sel par évaporation. C'était un produit du sud ; or, le sud de la Bretagne constituait, en Europe occidentale, le point le plus septentrional où l'on pouvait produire ainsi du sel de façon rentable.

Les proches Bretons auraient pu combler les besoins britanniques en sel ; mais, pour les Anglais, l'ennemi s'appelait la France. Le Portugal, avec ses marais salants d'Aveiro (qui, mais ce n'est pas une coïncidence, devint et reste le centre portugais de la morue salée), détenait ce qu'on considérait comme le meilleur sel d'Europe. Les marchands de Bristol passèrent des accords de capital-risque avec les Portugais. En échange de ce sel, le gouvernement britannique offrit aux navires lusitaniens sa protection contre les Français. En 1510, le roi du Portugal se plaignit au roi de France de ce que les vaisseaux français lui avaient pris trois cents navires dans les dix années précédentes.

L'accord mutuellement avantageux entre Anglais et Portugais prit fin en 1581, quand le Portugal fusionna avec l'Espagne. Ce n'était guère le moment, pour une nation maritime, de confier son destin à l'Espagne... En 1585, les Britanniques attaquèrent et détruisirent la flotte de pêche ibérique. La flotte militaire — l'« Invincible Armada » — fut ruinée dans sa désastreuse tentative d'envahir l'Angleterre. La flotte espagnole entraîna par le fond avec elle la flotte portugaise. Les Portugais continuèrent de pêcher sur les Grands Bancs jusqu'à ce que le gouvernement canadien les en expulse, en 1986 ; mais, après que leur éphémère fusion avec l'Espagne eut mis fin à l'amitié britannique, ils n'incarnèrent plus jamais une force dominante dans les pêcheries de Terre-Neuve.

À l'époque où l'Angleterre brisait son alliance avec le Portugal, pas même un siècle après le premier voyage de Cabot, la morue de Terre-Neuve était bien davantage qu'un objet de commerce pour les Britanniques. Elle était devenue stratégique. Ce qui aiguillonna les Britanniques et en fit les acteurs dominants des pêcheries de Terre-Neuve, dans la seconde moitié du XVIe siècle, fut la nécessité de fournir d'énormes quantités de morue séchée et non salée aux navires de ligne de la British Navy engagés contre la France. Les Anglais nourrirent leur marine avec la morue, et vendirent leurs surplus. Prompts à attraper le poisson, ils furent lents à apprendre le marché européen, et peinèrent à vendre leur marchandise aux pays méditerranéens, dont la population réclamait des poissons salés-séchés de haute qualité. Après un siècle, les Basques espagnols redevinrent les principaux fournisseurs du monde méditerranéen — même s'ils avaient perdu leur vieux secret.

La loi britannique même gênait les tentatives commerciales anglaises. Parce que la morue de Terre-Neuve était stratégique, son commerce était étroitement surveillé, comme si la morue était une arme de guerre. Les Espagnols et les Portugais avaient, eux aussi, décrété la morue « stratégique », car elle sustentait leurs équipages au cours de leurs voyages — de plus en plus nombreux — vers le Nouveau Monde. Mais les Ibères avaient un énorme marché intérieur pour la morue préparée. De toutes les nations pêcheuses, l'Angleterre possédait le plus petit marché pour ce type de produits. Les Anglais mangeaient moins de poisson, et ils avaient leurs pêcheries domestiques, très développées. La Couronne britannique n'en découragea pas moins le commerce extérieur de la morue, interdisant à ses bateaux de vendre directement dans les ports d'Europe.

Les Britanniques débarquaient ce qui, pour l'époque, représentait une énorme quantité de poissons. Les ports de l'ouest du pays continuaient de grandir. Sur la péninsule de Cornouailles, Plymouth, s'étirant vers l'ouest et les nouvelles terres, prit une importance croissante. À Plymouth, on comptait cinquante navires terre-neuviens, au sujet desquels Sir Walter Raleigh écrivait, en 1595 : « S'ils devaient se perdre, ce serait le plus gros coup jamais porté à l'Angleterre. »

En 1597, ces cinquante navires de pêche revinrent des Grands Bancs, longeant la côte sud de la Cornouailles, vers Plymouth. Spectacle inimaginable aujourd'hui : quelque deux cents toiles encombrant le ciel, tandis que la flotte traçait sa route vers l'abri du port, avec à l'arrière-plan le patchwork vert des collines du Devon. Ces deux-mâts, sur lesquels des douzaines d'hommes vivaient et travaillaient pendant des mois, n'étaient longs que de cent pieds (trente mètres). Les armateurs eussent apprécié de plus gros bateaux, avec de plus vastes cales, mais les navigateurs préféraient sillonner sur de petits navires les traîtresses nouvelles frontières rocheuses du monde... Des marchands de Hollande, de France, d'Irlande s'agglutinaient dans la petite ville portuaire, en attendant la flotte de Plymouth pour lui acheter son poisson et le répartir sur tous les marchés européens.

Les Britanniques continuèrent de rater cette aubaine commerciale. En 1598, une flotte de Terre-Neuve entra dans Southampton et céda l'essentiel de son poisson à des marchands français, qui le revendirent en Espagne. Mais les guerres de Religion entre catholiques et protestants, à La Rochelle, réduisirent la flotte française. Les armements portugais, espagnols et français étaient tous en déclin. Les Britanniques commencèrent d'apprécier le potentiel commercial de leurs pêcheries de Terre-Neuve. À la fin du XVIe siècle, les bateaux de Sa Majesté furent finalement autorisés à débarquer leurs cargaisons de morues dans les ports étrangers. Les commerçants britanniques, ainsi libérés, obtinrent la liberté du commerce de la morue. Le reste du commerce suivit.

Cette libéralisation peut, en perspective, sembler mineure, car au début du XVIIe siècle — à son tournant —, un changement encore plus important vint, en quelque sorte, ensemencer le monde. Un petit groupe de dissidents religieux, qui avaient navigué depuis l'Angleterre, contemplaient une carte dans leur refuge hollandais. Ils repérèrent un petit hameçon de terre étrangement baptisé *Cape Cod.* « Cap Morue. »

EN AVOIR HONTE

Stockfish

Battez-le vigoureusement avec un maillet pendant une demi-heure ou davantage et faites-le tremper trois jours ; puis faites-le bouillir à petits bouillons. Laissez-le sur le feu environ une heure, avec juste assez d'eau pour le couvrir, jusqu'à ce qu'il devienne doux ; retirez-le et mettez-le dans du beurre, des œufs et de la moutarde bien mélangés ; sinon, prenez six pommes de terre (que vous pourrez trouver toute l'année dans les magasins de graines) ; faites-les bouillir très doucement, puis pelez-les. Écrasez-les, puis battez-les au beurre, et versez sur le poisson. Servez. Certains emploient du panais.
La même chose pour le haberdine *et le* poor jack. *J'aurais honte de cette recette si nous n'en avions de meilleure à suivre, et je penserais trop misérable de dire quoi que ce soit à propos de la morue verte ou de la morue en tonneau, sauf qu'il faut les laver et les tremper avant de les bouillir.*

John Collins,
Sel et pêche, Londres, 1682.

Voir aussi pages 273-278

4

1620 : Le roc et la morue

Ce Tâte-Pots était plus poissonneux que tous les endroits poissonneux, et il méritait bien son nom. Car dans toutes les marmites bouillaient des soupes de poissons. Soupe de poissons au petit déjeuner, soupe de poissons au dîner, et soupe de poissons au souper, jusqu'à ce que vous cherchiez les arêtes de poissons qui sortaient de vos vêtements. L'entrée, devant la maison, était pavée de coquilles de palourdes. Mme Hussey portait un collier de vertèbres de morue polies, et Hosea Hussey avait des livres de comptes reliés en peau de chagrin ancienne et de qualité supérieure. Il y avait aussi un goût de poisson dans le lait, dont je ne compris pas la raison jusqu'à ce que, un matin, tandis que je me promenais le long de la plage parmi les barques de pêcheurs, je visse la vache bringée d'Hosea en train de manger des restes de poissons, marchant sur le sable chaque pied dans une tête de morue décapitée — l'air d'une traîne-savates, je vous assure. »

Herman Melville, à propos de Nantucket,
dans *Moby Dick*, 1851.

1620 : Le roc et la morue

Pour les Européens, le monde connu s'agrandit au cours du XVIe siècle. Les Hollandais avaient deux solutions à offrir aux Puritains anglais réfugiés : ou bien le port minuscule, mais bien protégé, du bout de l'île de Manhattan ; ou bien la Guyane, sur l'épaulement de l'Amérique du Sud. Des deux, la seconde semblait offrir les meilleures opportunités.

Plus de cinquante ans auparavant, un Espagnol nommé Juan Martinez avait été envoyé en Guyane en guise de peine de mort. Tenu pour responsable d'un accident au cours duquel une soute aux poudres avait explosé, sa punition pour cette négligence avait été d'être abandonné sur la côte inconnue du nord-est de l'Amérique du Sud, dans un canot sans vivres. L'embarcation dériva et tomba dans les mains des membres d'une tribu locale ; ils bandèrent les yeux du premier Européen qu'ils voyaient, et l'amenèrent dans une ville aux palais sublimes. Après sept mois, ils chargèrent d'or Martinez et, les yeux bandés à nouveau, le remirent sur sa route. Tel fut, du moins, le récit de Martinez quand il parvint à Trinidad.

La cité fabuleuse de Martinez devint célèbre sous le nom d'El Dorado. L'homme mourut peu après à Porto Rico, et la cause de son décès, selon ce qui se dit à travers les siècles, fut que l'or de Guyane était maudit. Dès le début des années 1600, les quêtes de l'El Dorado, même menées par le grand sir Walter Raleigh, eurent la réputation de s'achever en désastres. Mais tant de voyages vers le Nouveau Monde finissaient ainsi...

Avec un monde en si considérable expansion, qui

semblait si vide et si méconnu, l'exploration devint une passion pour l'Europe. Ayant fait provision de morue en conserve, nombreux furent ceux qui mirent le cap sur l'Amérique du Sud, en quête d'or. D'autres allèrent en Amérique du Nord chercher le poisson. Mais la plupart de ceux qui gagnaient l'une ou l'autre regardaient en réalité encore vers l'Asie. Au XVIe siècle, Terre-Neuve était toujours répertoriée sur les cartes comme une île au large de la Chine. Les Européens du Nord avaient navigué au sud vers la baie de Fundy et le Maine actuel, mais n'avaient trouvé aucun passage. Les Espagnols et les Portugais avaient été plus au sud encore, de la Floride à la pointe subantarctique de la Patagonie : ils n'avaient pas non plus franchi les terres. Mais l'idée ne voulait pas mourir.

Avec le renfort des marchands de soie lyonnais, le roi de France envoya un Florentin, Giovanni da Verrazzano, chercher vers l'ouest une route plus courte vers la Chine. Cette expédition franco-italienne échoua, comme celles de l'Espagne et de l'Angleterre. Au cours de ce voyage de 1524, Verrazzano cingla vers le nord, en suivant une côte interminable à partir du cap Fear, dans l'actuelle Caroline-du-Nord. Il remarqua que les indigènes y étaient « agiles et bons coureurs », notant avec optimisme qu'il supposait ces qualités typiques du peuple chinois. Il navigua en remontant le rivage, trouva le port de New York, la baie de Narragansett et une avancée de terre en forme de bras, qu'il nomma « Pallavisino » en l'honneur d'un général italien. Puis il continua vers la côte du Maine, qu'il appela « Terre des Mauvaises Gens », et dont il écrivit qu'elle était « la terre jadis découverte par les Britanniques ». Ayant épuisé ses vivres et exploré

« 7 000 lieues de nouvelles côtes », mais toujours aucun passage vers l'ouest, il abandonna et revint en France, où il souligna qu'il avait vu un Nouveau Monde entier.

Les idées ne sont pas aisément battues par les faits. Soixante-dix-huit ans plus tard, Bartholomew Gosnold en était encore à chercher ce passage vers l'ouest... En 1602, cet homme navigua au-delà de la Nouvelle-Écosse, suivant la côte vers le sud et la Nouvelle-Angleterre, afin de trouver une route vers l'Asie, où il voulait récolter le sassafras, alors hautement prisé parce qu'on le pensait capable de guérir la syphilis.

Le sassafras abonde en Amérique du Nord. Les indigènes utilisent ses feuilles pour épaissir les soupes. Cet arbre n'a jamais soigné la syphilis, mais ses racines fournissent une boisson excellente, plus tard connue sous le nom de *root beer* (« bière de racines »). Gosnold ne trouva pas la Chine, mais revint en Angleterre avec du sassafras. « Les vertus du sassafras, raconta l'un de ses officiers, guérirent l'un des nôtres qui avait attrapé une grosse indigestion en mangeant des entrailles de roussette — un plat délicieux. »

Les Européens n'imaginaient toujours pas la superficie réelle de cette chose, de cet obstacle sur le chemin de l'Asie. Le voyage en apparence infructueux de Gosnold, en 1602, finit surtout dans les livres d'histoire parce que le navigateur rebaptisa Pallavisino « *Cape Cod* », « cap Morue », après avoir observé que son navire, tandis qu'il cherchait le sassafras asiatique, était en permanence « assiégé » par ces poissons.

> Durant les mois de mars, avril et mai, il y a le long de ces côtes davantage à pêcher, et en plus grandes quantités,

> qu'à Terre-Neuve... En outre, les bancs sont dans moins de sept brasses d'eau, et à moins d'une lieue de la côte, tandis qu'à Terre-Neuve on travaille dans quarante ou cinquante brasses, et plus loin du rivage.

Du point de vue des Européens, en ces temps de grandes découvertes, Gosnold « trouva » la Nouvelle-Angleterre. Certes, cette terre avait été vue auparavant ; mais, en soixante-quinze ans ou davantage, nul ne s'était intéressé au Pallavisino. Le nom que lui donna Gosnold, « Cape Cod », comme celui d'« El Dorado » plus au sud, ouvrit le nouveau territoire aux colons.

En 1603, en compulsant le compte rendu de Gosnold, des marchands de Bristol notèrent non seulement l'abondance locale des morues, mais l'excellente côte rocheuse, favorable au séchage des poissons, de ce qui constitue aujourd'hui le Maine. L'un de ces marchands, George Waymouth, reconnut ce rivage et fit état de « morues énormes et nombreuses, certaines d'entre elles mesurant cinq pieds de long et trois de large ». Le fait qu'il confirma aussi la présence du sassafras semble avoir été oublié.

On appela cette nouvelle contrée « Virginie du Nord ». En 1607, une tentative d'établissement eut lieu près de ce qui est aujourd'hui Brunswick (Maine) ; elle se conclut, pour les colons, par la construction du premier vaisseau de haute mer jamais lancé en Nouvelle-Angleterre, et destiné à regagner l'Angleterre après un hivernage. Les hommes expliquèrent alors que la Virginie du Nord était « trop froide » et « inhabitable ».

La carte de Gosnold fut perdue, mais John Smith l'avait vue — ou, du moins, connaissait certains détails du voyage. À l'époque où les Pilgrims — les « Pèlerins » du *Mayflower* — prirent leur décision, le commandant John Smith était devenu une figure fameuse, en partie pour avoir établi une colonie dans la basse Virginie, en partie à cause de son voyage de 1614 vers la « trop froide » Virginie du Nord, d'où il revint riche de morues... Smith avait, en réalité, espéré s'enrichir de baleines, d'or et de cuivre. Il ne trouva pas davantage ces derniers que Raleigh n'avait découvert de l'or — ou Gosnold, la Chine. Smith occupa son équipage à remplir ses cales de morues salées. Il détestait ouvertement pêcher et laissa cette tâche à ses hommes, tandis qu'il partait explorer la côte avec un équipage réduit, dans un petit bateau non ponté. Il avait déjà agi ainsi sur plus de 3 000 milles de bras de mer, dans la baie de Chesapeake. Il releva le rivage depuis la baie de Penobscot, dans le Maine, jusqu'au cap Cod, dressant une carte où il incluait vingt-cinq « excellents bons ports » qu'il avait sondés. Pour une raison inconnue, celui de Gloucester n'y figurait pas.

Smith cartographia pourtant le cap sur lequel Gloucester se dresse aujourd'hui. Il lui donna le nom d'une femme turque dont il entretenait la mémoire depuis le temps où il avait été soldat en Turquie. Mais lorsqu'il retourna en Angleterre avec cette carte, le prince Charles rebaptisa le promontoire du nom de sa mère ; depuis lors, c'est le « cap Ann »... Smith baptisa plusieurs endroits selon ses souvenirs de Turquie ; aucun de ces vocables n'est resté. Le nom inédit de « Nouvelle-Angleterre » qu'il donna à la Virginie du Nord résista davantage.

Smith revint avec sept mille morues vertes, qu'il vendit en Angleterre, et quarante mille morues séchées que, maintenant que l'Angleterre en avait autorisé le commerce avec l'Europe, il vendit à Malaga. Selon les *Chroniques* de William Bradford, gouverneur du Massachusetts, les Pèlerins entendirent dire que Smith avait fait beaucoup mieux, qu'il avait vendu soixante mille morues. Aucun puritain ne mentionna les profits supplémentaires que Smith tira de vingt-sept indigènes qu'il attira sur son bateau, enferma dans la cale et alla vendre comme esclaves en Espagne.

En 1616, Smith publia sa carte et sa description de la Nouvelle-Angleterre dans l'espoir d'y intéresser de futurs colons. De fait, en étudiant la fameuse carte du commandant, les Pèlerins décidèrent de demander à l'Angleterre la concession d'une terre en Virginie du Nord, où figurait le cap Cod. La plupart se décidèrent à partir pour Plymouth, séduits notamment par le profit immédiat qu'on pouvait tirer du poisson qui avait été découvert dans ce pays. Quand le tribunal britannique leur demanda quel travail utile ils pourraient exercer sur une concession au Nouveau Monde, ils répondirent : « la pêche ».

De toutes les invraisemblables histoires à succès américaines de cette époque, aucune n'est plus improbable que celle des Pèlerins du *Mayflower*. Ils mirent à la voile pour préserver leur religion et vivre de la pêche dans un univers vierge. Ils arrivèrent à l'entrée de l'hiver : première indication du peu qu'ils savaient en matière de survie... Ils venaient en Nouvelle-Angleterre pour pêcher, et non pour être fermiers. Ils l'ignoraient sans doute, mais, à la différence de Terre-Neuve, la Nouvelle-Angleterre a la chance d'offrir une saison de pêche côtière hivernale. Pourquoi les Pèlerins manquèrent mourir de faim dans l'un des plus riches lieux de pêche jamais reconnus ?

Il semble que ces zélotes religieux n'aient pas pensé

à apporter beaucoup d'attirail de pêche — dont ils n'auraient d'ailleurs guère su se servir. Ils ne connaissaient rien à la capture du poisson. En 1616, quatre ou cinq navires anglais pêchaient en Nouvelle-Angleterre. En 1621, un an après leur arrivée à Plymouth, les Pèlerins étaient quasi affamés, alors que dix bateaux anglais prenaient avec succès de la morue dans ces eaux. L'année suivante, trente-sept bateaux s'y trouvaient. En 1624, cinquante navires de pêche britanniques travaillaient près de la côte.

Une partie du problème des Pèlerins fut que les colons continuèrent d'affluer : trente-cinq la deuxième année, puis soixante-sept en 1622. Ces gens avaient en commun le zèle religieux. Non seulement ils ne savaient pas pêcher, mais ils ignoraient tout de la chasse et étaient médiocres fermiers. En fait, ils n'obtinrent aucune bonne récolte avant d'avoir appris à capturer la morue, et à en enfouir les déchets à la charrue comme engrais. Leur plus grande habileté à trouver de la nourriture, dans les premières années, semble avoir été leur capacité à mettre au jour les énormes caches de vivres aménagées par les tribus indigènes.

Circonstance aggravante : étant anglais, ils refusaient de manger tout aliment qui ne leur était pas familier. Les aborigènes locaux étaient les Naumkeag, de la nation Massachusetts. *Naumkeag* signifie « lieu de pêche » : c'était le mot que ces hommes employaient pour désigner leur contrée. Les Naumkeag confectionnaient des lignes et des filets avec des fibres végétales, et des hameçons avec des os. Outre qu'ils capturaient les morues et les autres poissons qui approchaient de la côte, ils harponnaient des esturgeons longs de six pieds dans les rivières, prenaient des anguilles, et se régalaient de palourdes qu'ils récoltaient sur les rivages. Ils montrèrent aux Pèlerins comment forcer l'ouverture des gros bivalves quahogs à la coquille très dure, et des plus petits mollusques à fine coquille, leurs préférés, dits aujourd'hui *steamers* (« vapeurs ») en Nouvelle-Angleterre.

« *Oh ! Dear !* » s'écrièrent les Pèlerins, l'air horrifié... Ils ne mangeraient pas de telles choses. Ils rejetèrent de même les abondantes moules — que les gens de Nouvelle-Angleterre continuaient encore d'éviter au début des années 1980... Les eaux locales étaient si riches en homards que ces animaux rampaient hors de la mer et formaient des amas un peu inquiétants sur les plages. Les Pèlerins, et maintes gens jusqu'à ce siècle, refusèrent de consommer ces monstres marins cliquetants et diaprés. Réduits au désespoir, ils furent néanmoins contraints d'en manger parfois. En 1622, Bradford rapporta avec honte que les conditions étaient tellement mauvaises, pour les colons, que « le seul plat qu'ils pussent offrir à leurs amis était du homard ».

De quoi donc ces hommes, pas vraiment réputés pour leur ouverture d'esprit, pensaient-ils se nourrir ? Le surnom que leur donnèrent les Naumkeag, « *Kinshon* », signifiait « Poissons ». Les Pèlerins n'étaient guère habiles, mais déterminés. En 1623, ils fondèrent une station de pêche à Gloucester, qui fit faillite. Ils essayèrent à nouveau deux ans plus tard, avec un peu plus de réussite. Ils se retournèrent vers l'Angleterre pour obtenir des équipements et des conseils. Avec l'aide d'Anglais auxquels ils se référaient comme « aventuriers marchands », ils devinrent peu à peu pêcheurs. Des stations furent installées à Salem, Dorchester, Marblehead, ainsi que dans la baie de

Morues au séchage sur des claies à poissons, à Marblehead, Massachussetts. Détail de la *Vue de Skinner's Head*, extraite de *Gleason's Pictorial*, vol. 6, 1854. (Peabody Essex Museum, Salem, Massachussetts.)

Penobscot. On emplissait d'eau de mer des bassins de marée pour fabriquer le sel nécessaire aux pêcheries. Les colons commercèrent essentiellement avec le port basque espagnol de Bilbao, et bientôt en revinrent avec du sel d'Espagne dans leurs cales. Ils commencèrent aussi de commercer avec les colonies sucrières des Indes occidentales et, dès 1638, un navire rapporta du sel de l'île de la Tortue. Grâce à ces échanges, les colons de Nouvelle-Angleterre résolurent le problème du sel auquel les Britanniques n'avaient jamais été capables de donner une solution diplomatique.

À Salem, en 1629, le pasteur puritain Francis Higgenson. écrivait : « L'abondance des poissons de mer est presque au-delà du crédible. » À la fin du siècle, Salem gagna une réputation plus tenace pour son hystérie collective ; à l'origine, elle était connue pour ses pêcheries de morues. L'infâme Cour criminelle de justice mit à la question des centaines de femmes pour « sorcellerie », et en fit pendre dix-neuf. Mais, lorsqu'elle fut créée en 1692, on mit une morue sur son sceau...

En 1640, à peine une génération après que les quarante-sept mille poissons de Smith furent devenus en rêve soixante mille, la colonie de la baie du Massachusetts mit trois cent mille morues sur le marché.

Les destins différents qui allaient faire des contrées du nord les provinces orientales du Canada, et de celles du sud les États américains de Nouvelle-Angleterre, étaient écrits. La principale différence tient au climat. On pêchait en été à Terre-Neuve, sur les Grands Bancs et dans le golfe du Saint-Laurent. Les bateaux devaient quitter l'Europe en avril, quand soufflaient les vents d'est favorables. Les marins de l'Atlantique aimaient avoir le vent en poupe. Ils couraient avec la brise, scotchés à la même latitude, selon une méthode appelée « cap à l'ouest-cap à l'est ». Colomb, Cabot et bien d'autres l'utilisèrent. Jusqu'au XVIIIe siècle, il n'existait aucun moyen fiable de mesurer la longitude : cela explique pourquoi tant de navigateurs touchèrent le rivage entre les Bahamas et Terre-Neuve en croyant avoir approché l'Asie. On pouvait calculer la latitude en fonction de la position de l'étoile Polaire ou du Soleil — l'une des rares notions de navigation céleste connues au XVIe siècle. Les navires qui faisaient route à l'ouest depuis Bristol atteignaient le Labrador, puis descendaient vers Terre-Neuve. Les Bretons cinglaient tout droit vers le Grand Banc et Saint-Jean. Un navire quittant le port de La Rochelle, filant entre les îles de Ré et d'Oléron qui gardent ce havre, et restant collé à cette latitude, touchait terre à Cap-Breton, où était établie la station de Louisbourg, que les bateaux de La Rochelle ne pouvaient manquer.

Chaque printemps, les Européens arrivaient pour pêcher sur les Grands Bancs, et se disputaient les espaces de côte nécessaires au séchage de leurs prises — ce qu'ils appelaient leurs « poissonneries ». La tradition voulait que le premier arrivant soit le premier occupant. Les poissons étaient séchés sur des branches d'épinettes. Mais la forêt de conifères rabougrie des contrées nordiques croît lentement. À force de fournir chaque printemps les matériaux de nouvelles « poissonneries », Terre-Neuve fut sévèrement déforestée. Les terre-neuvas pêchaient durant tout l'été. Avant que la glace ne durcisse, ils tentaient d'attraper une bonne risée d'ouest pour retourner vers l'Europe. Certains armateurs commencèrent de laisser sur place un gardien pour s'occuper des « poissonneries » en hiver. Ce dut être l'un des plus solitaires boulots jamais créés : Terre-Neuve n'attirait guère les colons.

Le fait le plus parlant, dans l'histoire de l'île, est que sa capitale, Saint-Jean, tout comme Petty Harbour, de l'autre côté du cap Spear, est bâtie sur la pointe de terre la plus éloignée du cœur du Canada et du reste de l'Amérique du Nord, et la plus proche de l'Europe. L'économie entière de Terre-Neuve reposait sur les arrivages des Européens, qui pêchaient quelques mois avant de ramener leur poisson au pays.

La Nouvelle-Angleterre a des hivers plus doux ; des ports exempts de glaces ; une période de végétation plus longue ; et de la terre arable. Plus important encore, en ces temps reculés : la morue venait plus près des rivages pour son frai hivernal. Dans l'idéal, cette espèce pond dans des eaux dont la température est comprise entre quatre et huit degrés Celsius. Des expériences montrent qu'à huit degrés les œufs éclosent en dix à onze jours ; tandis qu'au-dessous de quatre, il leur en faut vingt à vingt-trois. À la recherche de ces eaux proches de huit degrés Celsius, les morues pondent sur les fonds du sud de la Nouvelle-Angleterre au plus fort de l'hiver ; au printemps dans les parages du Maine ; et en été à Terre-Neuve.

Dans l'Atlantique Nord, l'agriculture et la pêche étaient traditionnellement associées. En Islande, comme à Terre-Neuve, la terre arable est rare et la saison de végétation fort courte : cependant, les Islandais réussissent à combiner la pêche et l'agriculture — au moins l'élevage des moutons. Les morues se présentent près des côtes sud de l'Islande au plus sombre de l'hiver, quand le fermier n'a pas grand chose à faire. Peu d'Islandais sont en fait répertoriés comme pêcheurs, parce que beaucoup tiennent l'agriculture pour leur occupation principale. À Terre-Neuve, même si les pêcheurs tentent de subsister de leur ferme sur leur mauvaise terre, exploitable durant une brève saison, la morue leur rend visite en été ; de telle sorte que la saison agricole entre en conflit avec la saison de pêche.

La Nouvelle-Angleterre constitue la zone de peuplement la plus méridionale pour la morue de l'Atlantique. Elle bénéficie d'une saison de pêche côtière en hiver, et d'une saison de pêche au large en été. Elle offre également d'excellentes terres agricoles. Tandis que Terre-Neuve demeurait une frontière, avec des « poissonneries » d'été, le Massachusetts eut des habitants permanents, qui eurent besoin de tonneliers, de forgerons, de boulangers, de constructeurs de bateaux — tous commerçants qui, avec leurs familles, édifièrent de vraies communautés. Ces dernières donnèrent naissance à une société agricole, dont des colons partirent toujours plus loin vers l'ouest, cherchant des terres fertiles pour produire des marchandises destinées aux prospères marchés côtiers. Au nord de la Virginie, la Nouvelle-Angleterre devint la communauté la plus florissante d'Amérique. La mieux placée pour le commerce. Avec la morue, elle disposait d'un produit que l'Europe et les colonies européennes recherchaient ; et, à cause de la morue, elle acquérait une population dotée d'un pouvoir d'achat et d'un appétit pour les produits européens. Ainsi se bâtit Boston.

Les économies de Terre-Neuve et de la Nouvelle-Écosse, plutôt que de croître en tandem avec celle de la Nouvelle-Angleterre, furent littéralement vidées par cette dernière. Manquant de population et de marchés intérieurs, elles devinrent des postes avancés de la pêche — au service de Boston. La campagne de Terre-Neuve, entre avril et septembre, rapportait plus que les bateaux de pêche ne pouvaient charger. Des bateaux de négoce, dits « bateaux à vin » parce qu'ils emportaient des vins blancs secs de France, arrivaient d'Angleterre et chargeaient la morue à destination de l'Espagne, d'où ils retournaient en Angleterre chargés de vin et d'autres produits d'Europe du Sud. Ils favorisaient le commerce de l'Angleterre, pas celui de Terre-Neuve et de la Nouvelle-Écosse. De son côté, Boston croissait à la faveur de ce commerce triangulaire. Les « bateaux à vin » accélérèrent leurs échanges. Les morues de Terre-Neuve furent vendues à Boston en échange de produits du Massachusetts, tels que le blé et le bétail. À l'heure du moratoire de 1992, nombre de pêcheurs de Terre-Neuve vendaient encore leur poisson à Boston. La Nouvelle-Angleterre se développa. Les implantations du nord restèrent une frontière extérieure, dotée d'une petite population stagnante. Quand la vie y devenait trop difficile, nombreux étaient ceux qui en partaient pour les prospères colonies-sœurs de Nouvelle-Angleterre.

Les habitants de Nouvelle-Angleterre devinrent un peuple commerçant, indépendant, prospère — et plein de ressentiment contre les monopoles. Tandis que les planteurs de canne à sucre des Indes occidentales faisaient fortune sur un marché protégé, les gens de Nouvelle-Angleterre s'enrichissaient dans le capitalisme de libre-échange. Ils acquirent le culte de l'individualisme. Le négoce devint, pour ainsi dire, leur religion. Les pêcheurs eux-mêmes étaient des entrepreneurs indépendants, travaillant non pour un salaire mais, comme ils le font encore dans la plus grande partie du monde, pour une part des prises. Adam Smith, l'économiste du XVIIIe siècle, choisit de faire l'éloge des pêcheurs de Nouvelle-Angleterre dans son travail fondateur sur le capitalisme, *La Richesse des nations*. Pour Smith, les pêcheries constituent un exemple passionnant de la façon dont une économie fleurit lorsqu'on offre aux individus un environnement commercial sans entraves.

La Couronne britannique n'avait jamais eu l'intention d'octroyer autant de liberté. Elle se retrouva bientôt avec une colonie qui n'avait plus besoin d'elle. Un dangereux précédent, en plein cœur de l'empire.

LA SOUPE DE POISSON DANIEL WEBSTER

Daniel Webster prononça un jour un long discours au Sénat américain sur les vertus de la soupe de poisson, et fut dès lors considéré comme une autorité en la matière.

Soupe de partie de pêche

Prenez une morue de dix livres, lavez-la bien, laissez-lui sa peau. Coupez-la en morceaux épais d'une livre et demie ; gardez la tête entière. Prenez une livre et demie de porc salé blanc, que vous coupez en tranches fines. Faites de même avec douze pommes de terre. Prenez la plus grande casserole que vous ayez. Faites d'abord fondre le porc, puis ôtez les morceaux en laissant la graisse dedans. Ajoutez-y trois parts d'eau, une couche de poisson, de façon à couvrir le fond du récipient ; puis une couche de pommes de terre, puis deux cuillerées à soupe de sel, une cuillerée de poivre, puis le porc, une autre couche de poisson, et le reste des pommes de terre.

Remplissez la casserole d'eau jusqu'à couvrir les ingrédients. Portez sur un bon feu. Laissez bouillir vingt-cinq minutes. Lorsque c'est fait, tenez prêt un quart de lait bouillant, et dix biscuits durs fendus et plongés dans l'eau froide. Ajoutez le lait et les biscuits. Laissez encore le tout bouillir cinq minutes. Si vous avez suivi ces instructions, votre soupe de poisson sera de

première classe. Vous pouvez y ajouter un oignon si vous en aimez le parfum.
Ce plat convient pour une grande partie de pêche.

Daniel Webster,
extrait de *The New England Yankee Cookbook*,
publié par Imogene Wolcott, 1939

Un grand nombre d'autres recettes de soupes de poisson ont été attribuées à Daniel Webster. Dans ses *Mémoires*, le général S.P. Lyman cite la conclusion de l'une d'elles : « Un plat de ce genre, chaud et fumant, placé devant vous après une longue matinée consacrée à un sport vivifiant, vous incitera à ne plus envier les dieux. »

Voir aussi pages 294-300

5

Certains droits inaliénables

« Je vous en prie, monsieur : dans le monde, qu'est-ce qui égale cela ? Négligez le reste, et considérez la manière selon laquelle le peuple de Nouvelle-Angleterre s'est dernièrement nourri de ses pêcheries. Tandis que nous le suivons à travers les croulantes montagnes de glace et que nous l'apercevons en train de pénétrer dans les coins les plus renfoncés de la baie d'Hudson et du détroit de Davis, tandis que nous le cherchons sous le cercle Arctique, nous entendons dire qu'il a investi la région opposée des froids polaires... Pas de mer qui ne soit tourmentée par ses pêcheries, pas de climat qui ne témoigne de son labeur. Ni la persévérance de la Hollande, ni l'activité de la France, ni l'habileté et la solide sagacité de l'entreprise anglaise, n'ont porté ce très périlleux mode d'activité au point où l'a poussé ce peuple récent. »

Edmund Burke,
Maison des Communes
britanniques, mars 1775.

Au XVIIIe siècle, la morue avait élevé la Nouvelle-Angleterre du statut de lointaine colonie misérable à celui de puissance commerciale internationale. Le Massachusetts avait hissé la morue de l'état de denrée à celui d'emblème... Les membres de l'« aristocratie de la morue » calquèrent leurs fortunes familiales sur celle des pêcheries du XVIIe siècle. Ils idolâtraient ce poisson, dont ils faisaient le symbole de leur richesse. Une morue figure sur le sceau officiel de la Plymouth Land Company, ainsi que sur le sceau de l'État du New Hampshire de 1776 et l'emblème de la *Salem Gazette* du XVIIIe siècle (un bouclier brandi par deux Indiens, avec une morue par-dessus). Nombre des premières pièces de monnaie américaines, frappées entre 1776 et 1778, représentaient une morue. Dès 1755, un timbre fiscal *two-penny* de la colonie de la baie du Massachusetts arborait une morue et ces mots : « Spécialité du Massachusetts ».

Lorsque les premiers aristocrates de la morue étalèrent leur richesse en construisant leurs manoirs, ils les décorèrent de morues. En 1743, l'armateur colonel Benjamin Pickman fit installer, dans sa maison de Salem, une cage d'escalier où une morue de bois doré ornait chaque marche. La mairie de Boston avait aussi, pendant du plafond, une morue en bois doré ; mais le bâtiment brûla en 1747, avec son poisson. Après la Révolution américaine, à la demande de John Rowe (lequel, comme maints révolutionnaires de la cité, était un marchand), une morue de bois sculpté fut pendue dans la Old State House de Boston, l'immeuble du gouvernement, à l'entrée de State Street. Lorsque le Massachusetts transporta son corps législatif, en 1798, on déménagea la morue. Quand l'Assemblée fut à nouveau déplacée, en 1895, la morue, qu'un huissier salua, fut enveloppée dans un drapeau des États-Unis et placée sur un brancard porté par trois députés escortés de gens d'armes. Quand le cortège pénétra dans la nouvelle Chambre, les élus se levèrent et applaudirent avec chaleur.

Tout cela prouve aussi que les gens de Nouvelle-Angleterre sont capables de grande sottise.

À l'époque de ce transfert, trois représentants désignés pour étudier la sculpture présentèrent un rapport dans lequel ils décrivirent largement le commerce de la morue — la façon dont la Nouvelle-Angleterre échangeait ce poisson salé contre du sel, des fruits et du vin d'Europe, de la mélasse, des épices et du café des Indes occidentales. Mais ce rapport, comme la plupart des comptes rendus analogues, ne contient aucune mention d'une denrée essentielle à ce commerce : les êtres humains.

Au XVIIe siècle, la stratégie développée pour la production du sucre — une agro-industrie de labeur intensif — consista à abaisser le coût du travail par l'esclavage. Au moment de la récolte, la plantation sucrière ressemblait alors à une usine où les esclaves travaillaient seize heures par jour ou davantage — coupant la canne à la main, aussi près du sol que possible, brûlant les champs, charriant la récolte vers les moulins, l'écrasant et la faisant bouillir. Pour continuer de travailler de la sorte sous le soleil des tropiques, les esclaves avaient besoin de sel et de protéines. Mais les planteurs refusaient de « gâcher » de l'espace disponible pour la canne à sucre en plantant des cultures vivrières destinées aux centaines de milliers d'Africains déportés aux Antilles. Les îles Caraïbes ne produisaient pratiquement aucune nourriture. Au début, les Noirs furent nourris de bœuf salé venu d'Europe. Puis les colons de Nouvelle-Angleterre entrevirent l'opportunité d'écouler leur morue comme aliment salé à bas prix.

Pour les vendeurs de poisson, le grand avantage de ce négoce fut qu'il acceptait la mauvaise qualité. La morue bien apprêtée était un produit très recherché. Mais des poissons mal tranchés, de mauvaises conditions climatiques au cours du séchage, trop de sel, pas assez de sel, des manipulations ratées — bref, une longue liste de facteurs — pouvaient aboutir à un produit inacceptable pour les exigeants consommateurs méditerranéens. Les Indes occidentales furent un marché croissant pour les rebuts, pour tout ce qui n'était pas cher. « *West India* » devint le nom de la morue salée de qualité inférieure.

Dans le domaine du commerce, une loi naturelle quasi infaillible veut qu'un marché tourné vers la basse qualité, un lieu de dumping forcené pour la camelote, devienne un irrésistible pôle commercial. Au début, un tel marché offre l'opportunité de fourguer les erreurs qui, sinon, eussent été des pertes. Puis un nombre croissant de producteurs s'orientent vers ces produits vite faits, à bas prix et profitables. Tellement plus simple !... La qualité « West India » représenta un pourcentage sans cesse croissant des exportations de la Nouvelle-Angleterre, de la Nouvelle-Écosse et, à un moindre degré, de Terre-Neuve. La Nouvelle-Écosse se spécialisa notamment dans les produits salés-séchés de petite taille et de médiocre qualité, destinés aux Indes occidentales.

Les premières cargaisons des Caraïbes pour la Nouvelle-Angleterre étaient composées de sel de l'île de la

Tortue. Bientôt, les navires en revinrent non seulement avec du sel, mais de l'indigo, du coton, du tabac et du sucre. Vingt-cinq ans seulement après le débarquement des Pèlerins, les colons de la Nouvelle-Angleterre se livraient au commerce triangulaire. Leurs meilleurs poissons étaient vendus en Espagne. Bilbao, avec ses vins, ses fruits, son fer et son charbon, devint un partenaire commercial majeur de Boston. Les bateaux de la Nouvelle-Angleterre voguaient ensuite vers les Indes occidentales, où ils cédaient certains produits espagnols et leur morue bon marché, et où ils achetaient du sucre, de la mélasse, du tabac, du coton et du sel. Les mêmes navires revenaient vers Boston chargés de marchandises venues de Méditerranée et des Caraïbes. Les armateurs avaient fait de l'argent à chaque escale.

Très vite, le pas commercial suivant fut franchi. En 1645, un bateau de Nouvelle-Angleterre chargea des tonneaux de vin aux Canaries, puis acheta des esclaves africains aux îles du Cap-Vert et les vendit à La Barbade, et revint à Boston avec du vin, du sucre, du sel et du tabac. Des expéditions de morue salée s'ensuivirent. La morue salée, les esclaves et la mélasse furent commercialement liés.

En préparant un musée sur le commerce du port de Salem au XVIIe siècle, les officiels du National Park Service épluchèrent avec soin la liste des documents de bord des navires. Ils étaient prêts à tout, et furent soulagés de ne pas pouvoir mettre en évidence le moindre indice d'esclavage sur un bateau de la ville. Ils n'auraient pas dû être si contents. Outre que la plupart des actes d'esclavage étaient perpétrés clandestinement, cette recherche d'indices omettait un point important. Peu préoccupés de

Le port de Gloucester, gravure sur bois du XVIIIe siècle. (Corbis-Bettmann.)

Certains droits inaliénables

savoir combien de bateaux se livraient ou ne se livraient pas à la traite, ou combien de négociants achetaient ou vendaient (ou non) des Africains, les marchands de morue de Nouvelle-Angleterre étaient bel et bien concernés par l'esclavage ; non seulement parce qu'ils fournissaient les plantations en nourriture, mais parce qu'ils favorisaient la traite des Noirs en Afrique occidentale même, où les esclaves étaient achetés contre de la morue en conserve. Il existe d'ailleurs encore un marché local pour la morue salée et pour le stockfish.

Dans sa clairvoyante étude *De la démocratie en Amérique*, l'écrivain politique Alexis de Tocqueville met le doigt sur une contradiction inhérente au génie de la Nouvelle-Angleterre. « Nulle part, dit-il, le principe de liberté ne fut plus totalement appliqué qu'en Nouvelle-Angleterre. » Puis il peint ce qu'il nomme « la grande énigme sociale des États-Unis ». Les colons de la Nouvelle-Angleterre, amoureux de la liberté, acceptèrent cependant un lot monstrueux de répression et d'injustice sociale. L'auteur décrit le Code pénal du Connecticut, dans lequel le blasphème et l'adultère sont des crimes capitaux ; ou la croisade qu'entreprit la société bostonienne contre les cheveux longs... Le commerce des esclaves constitue un autre exemple de cette contradiction morale soulignée par Tocqueville. La société de la Nouvelle-Angleterre se veut la championne des libertés individuelles, et dénonce ouvertement l'esclavage — dans le temps même où elle s'engraisse en fournissant aux planteurs des Caraïbes des tonneaux de nourriture à bas prix, destinés à tenir le peuple esclave au travail seize heures par jour... Durant la première décennie du XVIIIe siècle, les bonnes années, plus de trois cents bateaux quittaient Boston pour les Indes occidentales.

L'apparition d'un bateau plus rapide, le schooner, accrut la capacité de production de la morue en conserve. En 1713, le premier schooner fut bâti et lancé à Eastern Point, Gloucester, par Andrew Robinson. Bien qu'il y ait eu, en Europe, quelques essais antérieurs de ce type de gréement, le schooner de Gloucester révolutionna la navigation et la pêche. C'était un petit vaisseau élégant, à deux mâts, avec un gréement de voiles auriques, et capable d'admettre une impressionnante quantité de toile. Son nom vient d'un mot usité au XVIIIe siècle en Nouvelle-Angleterre, *scoon*, qui signifie « écumer légèrement sur l'eau ». À pleines voiles, par bonne brise et mer plate, en naviguant au près, ce voilier semble, en effet, à peine écumer. Il reste l'un des plus élégants qui se soient vus dans l'histoire de la marine. Souvent aussi, sur les Grands Bancs, il escalada des rouleaux et plongea dans des creux aussi hauts que ses mâts. En réduisant le temps de navigation entre le banc Georges et les claies de séchage sur la côte, le schooner multiplia la production de conserves « West India ».

Au nombre des meilleurs clients de la Nouvelle-Angleterre, figuraient les colonies françaises de Saint-Domingue (Haïti), de la Martinique et de la Guadeloupe, ainsi que la colonie hollandaise du Surinam (alors « Guyane hollandaise »). C'étaient là des terres de grandes plantations. Les possessions françaises, en particulier, rapportaient beaucoup. Après 1680, les Français transportèrent en moyenne, chaque année, mille Africains en Martinique. Au XVIIIe siècle, vers Saint-Domingue, le chiffre annuel était d'environ huit mille. Même si nombre de ces esclaves en remplaçaient d'autres, morts à la tâche, une population africaine nourrie de poisson salé bon marché s'accrut rapidement.

Les pêcheries françaises n'étaient pas capables de satisfaire la demande. La seule exigence du marché des Caraïbes était que le poisson salé fût séché très dur, afin de résister au climat tropical. Or, les Français manquaient de place pour le séchage. Au XVIIIe siècle, à Terre-Neuve, le peu d'espace dont ils disposaient fut presque réduit à rien. Les Britanniques avaient installé leurs bases sur la côte orientale, sur les promontoires, près des Grands Bancs. Les Français pêchaient sur la côte Sud, dans la baie de Plaisance (Placentia Bay), où il y avait des ports libres de glaces, où les harengs venaient et pouvaient servir d'appâts. La péninsule de Gaspé, province de la Nouvelle-France, était toute proche. Mais, en 1713, après des combats contre la Grande-Bretagne, la France dut céder ce territoire et s'exila sur la côte Nord, connue depuis lors comme la « French Shore ». Cette contrée ne touchait aucune autre possession française. Elle était loin des meilleurs bancs de pêche, et n'offrait guère d'espace de séchage convenable. Après la guerre suivante, la position des Français devint pire encore.

La guerre de Sept Ans, connue aux États-Unis sous le nom de « Guerre française et indienne », fut le premier conflit mondial de l'histoire. À la fin des années 1750, la France et la Grande-Bretagne se battirent, non seulement en Europe, mais en Inde, aux Caraïbes et en Amérique du Nord. Le 13 septembre 1759, la Nouvelle-France fut perdue en vingt minutes, lorsque le général britannique James Wolfe escalada les falaises qui menaient à la forteresse de Québec et surprit la garnison française commandée par le général Louis de Montcalm. Montcalm avait remporté auparavant des victoires contre les Britanniques. Mais il commit l'erreur de quitter la forteresse et subit, derrière les remparts, une attaque surprise sur la plaine. En quelques minutes, les deux généraux gisaient morts et le Québec était tombé.

Au lieu de s'installer en profitant de leurs succès sur le terrain, les Britanniques délibérèrent durant trois ans pour savoir ce qu'ils allaient prendre à la France. Certains voulaient laisser les Français garder leurs lieux de pêche à la morue en Amérique du Nord, et réclamer à la place, comme prix de la paix, une colonie sucrière. La Guadeloupe produisait plus de sucre que toutes les Indes occidentales britanniques réunies. Mais le résultat n'était pas de savoir ce qui valait mieux, du sucre, de la morue ou des fourrures. Le débat porta sur la meilleure façon de garder l'Amérique du Nord. Étant donné l'état d'esprit, l'autonomie économique et la population croissante de la Nouvelle-Angleterre et des autres colonies d'Amérique, les Britanniques craignirent de perdre le Nouveau Monde. Certains d'entre eux arguèrent que la présence des Français — un ennemi sur l'arrière — pourrait convaincre les Américains de rester loyaux à l'Angleterre. Mais, à la fin, les Britanniques jugèrent qu'ils avaient intérêt à mettre à l'abri la plus grande partie qu'ils pourraient du Nouveau Monde. En 1763, ils décidèrent d'ôter à la France la totalité de ses possessions d'Amérique du Nord, sauf deux îles minuscules de la côte Sud de Terre-Neuve, Saint-Pierre et Miquelon.

La France garda la Guadeloupe mais perdit le Canada ; conserva ses colonies esclavagistes mais perdit ses pêcheries. L'ironie voulut que la demande de poisson

« West India » des Antilles françaises entraînât les habitants de la Nouvelle-Angleterre dans un choc frontal avec la Couronne britannique. Le conflit porta sur les Actes de Commerce et de Navigation, l'un des piliers de l'Empire britannique, selon lesquels les colons devaient vendre leurs marchandises à l'Angleterre, et acheter leurs marchandises en Angleterre. Légalement, la Nouvelle-Angleterre n'aurait pas dû pouvoir négocier directement avec l'Espagne et les Caraïbes. Elle était supposée vendre sa morue à l'Angleterre, et y acheter le vin et le fer espagnols.

Les Britanniques avaient de bonnes raisons d'être inquiets au sujet de l'Amérique du Nord. Dès 1677, quatre-vingt-dix-huit ans avant que la cause de l'Indépendance américaine ne se transforme en guerre ouverte, la Couronne britannique reçut une note polie des colons de Nouvelle-Angleterre, accompagnée de dix tonneaux d'airelles, de deux barils de bouillie de maïs et de mille morues. La note jointe, peut-être pas aussi amère que les dix barils d'airelles, déclarait : « Nous concevons avec humilité que les lois anglaises se limitent aux quatre mers et ne touchent pas l'Amérique. Puisque, de ce côté-ci, les sujets de Sa Majesté ne sont pas représentés au Parlement, nous ne considérons pas que notre commerce puisse être entravé par elles. »

On ignore ce que fit le roi Charles de ces mille morues et de toutes ces airelles, mais il ne changea rien aux Actes de Commerce et de Navigation. En conséquence de quoi, la loi fut infléchie par la force du marché. La Nouvelle-Angleterre produisait trop de morue pour le marché britannique. Impossible de tout vendre en Grande-Bretagne ; du reste, la flotte marchande anglaise n'avait pas la capacité de réexporter ce surcroît de poisson. En dépit des Actes de Commerce et de Navigation, les Britanniques durent se résoudre à autoriser la Nouvelle-Angleterre à pratiquer elle-même son négoce.

Libéré de contraintes, comme le souligne Adam Smith, le marché grandit. Vers 1700, les Indes occidentales britanniques ne pouvaient absorber la totalité de la morue de Nouvelle-Angleterre. Elles ne pouvaient pas non plus fournir l'industrie de l'alcool de la Nouvelle-Angleterre — un sous-produit du commerce de la morue. Typique de la différence entre la Nouvelle-Angleterre et Terre-Neuve : Terre-Neuve importait du rhum de la Jamaïque, qu'elle se contentait de mettre en bouteilles (ce qu'elle fait encore) ; tandis que la Nouvelle-Angleterre achetait de la mélasse et édifiait sa propre industrie du rhum, de façon à vendre cet alcool sur les marchés extérieurs. On connut, dès lors, trois façons d'acheter des esclaves en Afrique de l'Ouest : avec de l'argent, de la morue salée ou du rhum de Boston...

Les producteurs de rhum du Massachusetts et du Rhode Island furent directement concernés par la traite des Noirs. La rhumerie bostonienne Felton & Company, fondée au début du XIXe siècle, décrivait ce commerce avec une étonnante candeur dans son *Guide du buveur* de 1936 : « Les armateurs développèrent un cycle de négoce qui comprenait des cargaisons d'esclaves destinés aux Indes occidentales, d'autres de mélasse partant de ces îles vers Boston, enfin des chargements de rhum vers l'Afrique. »

L'Empire britannique devint non seulement un trop petit marché pour les prises de morues de la Nouvelle-Angleterre, mais un trop petit producteur de mélasse pour les distilleries américaines. La totalité de la production sucrière des Indes occidentales britanniques représentait moins des deux tiers de ce que le Rhode Island seul importait. Les Antilles françaises avaient besoin de la morue de la Nouvelle-Angleterre, et cette dernière de la mélasse française.

Or, la Couronne britannique, après avoir laissé les colons de la Nouvelle-Angleterre goûter le libre échange pendant plus d'un siècle, décida en 1733 de réguler le négoce de la mélasse. Elle y vit un premier pas pour réasseoir son contrôle sur le commerce mondial. Au lieu de quoi, la mesure se transforma en un premier pas involontaire vers le démantèlement de l'Empire britannique.

WEST INDIA AUX INDES OCCIDENTALES

« Temps si durs, tu peux pas dire le contraire,
Que tu peux même plus acheter la morue et le riz. »

Calypso des années 1940,
par « the Tiger »
(Neville Marcano.)

À Porto Rico, la *piropia* consiste à siffler une jolie femme en disant : *Tanto carne, y yo comiendo bacalao* (« Tant de viande, et moi je mange de la morue ! »). Aujourd'hui, la viande est moins chère que la morue, mais l'expression — et la *piropia* — restent.

La morue salée — *bacalao* — était un plat bon marché, qu'on mélangeait à d'autres plats bon marché, pour confectionner des mets populaires. Bien qu'elle ne soient plus si avantageuses, les recettes sont demeurées inchangées. Outre la morue salée aux légumes, le plat caraïbe le plus universel reste la morue salée au riz. À l'origine, il était conçu pour faire durer la morue salée qu'on avait achetée, et était souvent confectionné avec la queue ou d'autres abats. Parfois, on préparait un simple bouillon d'arêtes, dans lequel on cuisait le riz. À Porto Rico, ce plat était appelé *mira bacalao*, « cherche la morue ».

Morue salée au riz

Voici l'un des mets préférés des indigènes. La morue salée et le riz — environ une demi-livre de poisson pour une pinte de riz — sont bouillis ensemble avec l'habituel morceau de porc salé et un peu de beurre.

Caroline Sullivan,
Livre de cuisine de la Jamaïque,
Kingston, 1893.

Voir aussi pages 301-307

6

La guerre de la morue : clameurs mondiales

« Les morues étaient empilées sur les quais, pareilles à des tas de bois, bouleau blanc et bouleau jaune dont on aurait laissé l'écorce. Je les confondis ainsi tout d'abord, et dans un sens elles l'étaient bien : un combustible pour entretenir nos feux vitaux, un bois de l'est qui pousserait sur les Grands Bancs. »

Henry David Thoreau,
Cape Cod, 1851.

L'art d'imposer consiste à plumer l'oie afin d'obtenir le maximum de plumes avec le minimum de cris.

Jean-Baptiste Colbert (1619-1683)

Il existe un romantisme de la révolution. Il y en eut un en France, en Russie, au Mexique, en Chine, à Cuba. Les révolutions les plus romantiques, comme celle de 1848, semblent celles qui subirent les plus cuisants échecs. La Révolution américaine réussit remarquablement. Elle ne sombra pas dans le chaos et la violence, pas plus qu'elle ne glissa sur la pente de la dictature. Elle ne produisit ni Napoléon, ni parti unique de dictature. Elle réalisa ses buts. Elle fut aussi très antiromantique, comme bien des révolutions. Les radicaux, les révolutionnaires authentiques appartenaient à la classe moyenne. C'étaient des marchands du Massachusetts soucieux de leurs intérêts commerciaux, et dont la révolution concernait surtout le droit de faire de l'argent.

John Adams, le plus énergique de ce courant radical du Massachusetts, ne croyait pas au colonialisme comme système économique ; et, par conséquent, ne pensait pas que les Américains accepteraient de vivre dans une colonie. La Révolution américaine fut le premier grand mouvement anticolonialiste. Elle souleva la question des droits politiques. Mais, dans l'esprit de ses acteurs les plus irréductibles, les radicaux de la Nouvelle-Angleterre, la manifestation centrale de cette liberté fut la capacité de prendre leurs propres décisions pour leur propre économie.

Jusqu'à un certain point, toutes les révolutions touchent à l'argent. Lors de la Révolution française, le comte de Mirabeau demanda : « En dernière analyse, le peuple jugera la Révolution sur ce seul fait : nous donne-t-elle plus ou moins d'argent ? Nous rend-elle plus heureux ?

Avons-nous davantage de travail ? Et ce travail est-il mieux payé ? » Certes, Mirabeau n'était pas un « enragé » de cette Révolution-là.

Les radicaux du Massachusetts voulaient une révolution économique, non pas sociale. Ils ne pensaient pas aux masses affamées et à leurs salaires. Ils songeaient au droit de chacun d'appartenir à la classe moyenne, d'entreprendre, d'ouvrir un commerce et de faire de l'argent. Des individus sans grande subtilité, munis d'un très modeste capital, avaient pu faire fortune dans la pêche à la morue. Tel était le système auquel ils croyaient.

Ce n'étaient pas des hommes superficiels. Nombre d'entre eux, et la plupart des grands leaders (y compris Thomas Jefferson qui avait des esclaves), comprenaient qu'il était hypocrite de parler des droits de l'homme en ignorant le tourment de millions d'asservis. Mais ils n'allaient pas laisser la révolution éclater pour ce motif, dont ils craignaient les conséquences. Tout au long du siècle, les Anglais avaient prédit que les colonies d'Amérique, en pleine expansion, voudraient se défaire du joug de la Couronne, mais que, en définitive, elles resteraient au sein de l'Empire britannique à cause de leur incapacité à s'entendre entre elles. Ce que la Couronne n'avait pas compris, c'était que les leaders révolutionnaires étaient des êtres pragmatiques, focalisés sur quelques objectifs de base. Pour ces derniers, la mélasse, la morue et le thé n'étaient pas l'objet de simples différends désagréables. Ces produits constituaient *leur* cause. Les Virginiens appelèrent leur révolution la « guerre du tabac ».

L'Angleterre avait pourtant montré quelque flexibilité. Quoique port de commerce reconnu, Gloucester n'avait pas de fonctionnaires des douanes. Le gouvernement britannique autorisa la Caroline-du-Sud à échanger directement du riz contre des fruits, du sel et du vin des pays méditerranéens. La plus grande latitude fut accordée dans le commerce avec les colonies des Indes occidentales. Pour le Massachusetts, ce négoce consistait en morues contre de la mélasse. Le Connecticut échangeait des légumes, le Maryland du blé, la Pennsylvanie du maïs. Vers 1740, la Nouvelle-Angleterre commerçait davantage avec les Caraïbes qu'avec l'Angleterre. Avant de commencer à craindre une guerre d'indépendance armée, les Anglais s'inquiétèrent d'une indépendance *de facto*. Les colonies n'avaient plus guère besoin de la mère patrie. Les deux parties en prirent conscience.

La première tentative majeure de l'Angleterre pour réaffirmer son monopole colonial fut l'Acte sur la mélasse de 1733, qui imposa, sur la mélasse des Antilles non britanniques, des droits d'importation si élevés qu'ils en auraient ruiné le commerce. En rendant l'achat de mélasse des Indes occidentales françaises non profitable, ces mesures n'eussent pas seulement réduit le marché morutier de Nouvelle-Angleterre, mais aussi son industrie du rhum. Ce ne fut pas le cas, parce que les Français s'empressèrent de mettre en place un arrangement de contrebande lucratif avec les habitants de la Nouvelle-Angleterre. En fait, les échanges morue contre mélasse entre la Nouvelle-Angleterre et les Antilles françaises augmentèrent après l'Acte sur la mélasse.

Cette loi aurait pu être une erreur vite oubliée, si le gouvernement anglais n'avait réitéré une génération plus tard, avec l'Acte sur le sucre de 1760, qui établissait sur la mélasse une taxe de six cents par gallon. Une nouvelle fois les habitants de la Nouvelle-Angleterre répondirent par la contrebande. En 1764, les Anglais essayèrent une tactique différente. Ils abaissèrent les taxes réelles sur la mélasse, mais en levèrent de nouvelles sur le sucre et le madère. Ces impôts étaient censés pousser les colons à passer du madère au porto, ce dernier n'étant disponible que chez les marchands britanniques. Au lieu de quoi, les colons boycottèrent les deux. Bien que le madère fît aussi l'objet d'un négoce contre une préparation de morue de qualité moyenne, connue sous le nom de « qualité madère », leur boisson était le rhum. Celui-ci était si répandu que le mot « rhum » fut parfois utilisé pour désigner les boissons alcooliques en général. L'année de l'Acte sur la mélasse, on calcula que la consommation de rhum dans les colonies américaines atteignit en moyenne trois gallons américains trois quarts par personne et par an. En 1757, George Washington était en course dans le comté de Fairfax pour un siège à la Chambre des Représentants. Les dépenses de sa campagne inclurent vingt-huit gallons de rhum et cinquante de punch ; sans oublier le vin, la bière et le cidre. Cela peut paraître modeste, comparé aux budgets des campagnes actuelles ; mais, en 1757, le comté de Fairfax, Virginie, comptait à peine trois cent quatre-vingt-onze électeurs.

En 1764, le marchand de Boston John Hancock, déjà connu comme rebelle actif, fut arrêté pour contrebande de madère sur son sloop *Liberty*. Une foule de Bostoniens en colère le libéra. L'année suivante, pour la première fois, l'Acte sur le timbre chargea les colons d'une taxe directe plutôt que de droits de douanes. Les Britanniques accomplissaient un nouveau pas dans le renforcement des lois sur le commerce, mais les relations transatlantiques se détérioraient. Pour la première fois, des agents des douanes furent nommés à Gloucester ; ces malheureux officiels furent malmenés, brutalisés, parfois contraints de se cacher. En 1769, le Massachusetts se plaignit que ces restrictions sur le commerce se fussent traduites par des pertes pour les quatre cents vaisseaux de la colonie impliqués dans la pêche à la morue.

À plusieurs reprises, les Britanniques parurent jouer le plus mauvais coup. Confrontés à la résistance contre l'Acte sur le timbre, ils le remplacèrent par l'Acte Townsend, ainsi nommé à cause d'un homme qui gagna son rang dans l'histoire en déclarant à la Chambre des communes — on rapporte qu'il était ivre : « J'ose taxer l'Amérique ! » Devant la fureur immédiate que souleva sa liste de taxes d'importation, il essaya de se rétracter en se rabattant sur quelques produits moins onéreux, dont le thé.

La fameuse *Tea Party* de Boston, en 1773, illustre la nature de la Révolution américaine. Ce fut un soulèvement contre un tarif d'importation, attisé par des marchands, dont John Hancock et John Rowe, et au cours duquel les descendants de l'aristocratie morutière — déguisés en Mohawks — prirent d'assaut leurs propres navires afin d'en jeter les marchandises dans le port. Des *Tea Parties* similaires suivirent dans d'autres ports. À New York, la révolution toucha de façon plus évidente le prolétariat : la foule excitée déversa les cargaisons dans l'Hudson avant même que les rebelles grimés en Indiens ne se fussent montrés.

L'initiative britannique suivante semble encore plus déconcertante. En 1774, pour répondre à une crise déclenchée par le fait que les colonies américaines produisaient bien trop de nourriture, les Anglais fermèrent le port de Boston. Ils avaient l'intention d'affamer la population locale jusqu'à ce qu'elle rembourse la Couronne de ses pertes. Mais on n'était plus en 1620. Avec ou sans importations, personne ne risquait plus de périr de faim en Nouvelle-Angleterre. Marblehead fournit des morues, Charleston du riz, Baltimore des céréales. Un troupeau de moutons fut même rassemblé dans le Connecticut.

Le plus gros coup que la Nouvelle-Angleterre dut subir était encore à venir. Cependant, les communications étaient si lentes que les colons n'en surent rien jusqu'à ce que les armes ne parlent. L'Acte de restrictions, rendu effectif le 12 juillet 1775, limita aux seuls ports anglais le commerce de la Nouvelle-Angleterre, et interdit les Grands Bancs aux pêcheurs américains. C'était comme si la Couronne avait voulu rallier la totalité du Massachusetts autour des radicaux.

Durant la Révolution, la capacité de l'Amérique à produire de la nourriture fut un grand avantage pour l'armée du Nouveau Monde. L'armée britannique pouvait bien être mieux entraînée, plus expérimentée, sûrement mieux habillée et mieux équipée : les Américains étaient mieux nourris. Ils étaient aussi mieux payés et, grâce au rhum de Boston, mieux abreuvés...

Cependant, il n'y avait plus de morue pour personne. Les habitants de Terre-Neuve et de la Nouvelle-Écosse ne pouvaient plus vendre leurs poissons à Boston. Les bateaux de guerre anglais empêchaient les pêcheurs de Nouvelle-Angleterre de travailler sur les Grands Bancs. Les pêcheurs américains, grâce à leurs rapides schooners, rendaient leurs eaux dangereuses à tous les navires probritanniques. Les schooners de Gloucester furent équipés d'artillerie. De façon ironique, le premier de leurs navires ainsi armés s'appela le *Britannia*. Il était doté de huit vieux canons montés sur des affûts neufs. Cette modeste force de frappe fut renforcée par des armes légères. Rien qu'en 1776, les schooners privés arraisonnèrent trois cent quarante-deux vaisseaux britanniques.

En 1778, trois ans après le début des combats, les deux parties étaient prêtes à négocier. Les pourparlers commencèrent à Paris. En 1781, il ne subsistait que trois sujets de litige : la frontière, le paiement des dettes à l'Angleterre et les pêcheries. Des trois, la pêche causa le plus de difficultés.

Le Massachusetts tenait à ses droits de capture sur ses bancs traditionnels, qui incluaient les Grands Bancs de Terre-Neuve, les fonds de la Nouvelle-Écosse et le golfe du Saint-Laurent, tous contigus des côtes des colonies canadiennes, loyales à la Couronne britannique. Même la France, principale alliée de l'Amérique, ne soutint pas la Nouvelle-Angleterre sur ce chapitre. Appuyer une révolution contre l'Angleterre était une chose. Les Français voyaient moins l'intérêt de permettre le retour des pêcheurs de la Nouvelle-Angleterre sur les Grands Bancs. La position de la France consista à soutenir que toutes les nations avaient droit à la haute mer, mais que les fonds côtiers devaient rester la propriété des maîtres du rivage adjacent. Les petites îles de Saint-Pierre et de Miquelon permettaient à la France de figurer parmi ces propriétaires. À l'heure actuelle, à cause de ces minuscules possessions, les Français peuvent encore revendiquer un droit de pêche dans une bande d'eaux canadiennes.

Le droit international de la mer n'était pas clair dans

ce domaine. On convenait encore largement que les océans n'avaient aucune nationalité. La première revendication de souveraineté reconnue sur un territoire marin — une bande de mer du Nord large de trois milles — ne prit force qu'après les guerres napoléoniennes. Cependant, les habitants de la Nouvelle-Angleterre avaient avec eux John Adams, le plus mal connu des pères fondateurs des États-Unis d'Amérique. Adams, dont le visage n'apparaît sur aucune monnaie et qui n'inspira que peu de monuments, plaida pour une totale indépendance vis-à-vis de l'Angleterre au cours du Congrès continental. Il fit triompher sa cause en forgeant l'alliance entre le Massachusetts et la Virginie : en ralliant au combat les colonies situées entre ces territoires ; en choisissant le colonel George Washington comme chef des armées continentales ; en écrivant des *Pensées sur le Gouvernement* qui devinrent l'esquisse du gouvernement des États-Unis ; enfin, en extrayant des rangs le jeune Thomas Jefferson pour en faire son protégé et lui assigner la tâche de rédiger la déclaration d'Indépendance — pour la seule raison que ce jeune Virginien était meilleur écrivain que lui-même.

À la fureur des représentants des colonies du Sud, lors des négociations avec les Britanniques, Adams passa des dispositions écrites selon lesquelles les droits sur les bancs de pêche ne pouvaient être abandonnés sans l'approbation du Massachusetts. Ce fut la cause d'une des premières fissures Nord-Sud aux États-Unis. Les Sudistes se plaignirent que les intérêts de neuf des treize États fussent sacrifiés « au profit des mangeurs et distillateurs de mélasse » des quatre autres.

John Adams avait soutenu ligne à ligne la déclaration

d'Indépendance de Jefferson au Congrès continental, lors d'une session non-stop de deux jours et demi, tandis que Jefferson, auteur taciturne, siégeait en silence. L'une des rares batailles que perdit Adams concerna un passage essentiel sur l'esclavage, qui qualifiait celui-ci de « guerre cruelle contre la nature humaine ». Pourtant, malgré les liens que ce négoce nouait avec l'esclavage, Adams défendit le négoce de la morue et de la mélasse. Il expliqua aux délégués américains l'importance du commerce de poisson en direction de la Méditerranée et des Caraïbes. Il argua que les morutiers de Nouvelle-Angleterre s'étaient prouvé à eux-mêmes qu'ils représentaient une superbe force navale. Adams qualifia ces pêcheries de « pouponnière de marins et source de puissance navale ». Il déclara les pêcheurs côtiers de la Nouvelle-Angleterre « indispensables, nécessaires à l'accomplissement et à la préservation de notre indépendance ».

Nombre d'Américains, parmi lesquels Benjamin Franklin, tenaient les droits de pêche pour un point qu'on pouvait concéder. Adams ne pouvait s'y résoudre. À la fin, le 19 novembre 1782, un an et un mois après que les troupes britanniques se furent rendues à Yorktown, les Anglais octroyèrent à la Nouvelle-Angleterre un droit de pêche sur les Grands Bancs.

Les Américains n'avaient pas, pour autant, gagné l'accès aux marchés correspondants. Ils étaient désormais interdits de négoce avec les Indes occidentales britanniques. Cette perte, considérable pour la Nouvelle-Angleterre, se traduisit par une famine tragique dans les rangs des esclaves, privés de leur première source de protéines. Entre 1780 et 1787, rien qu'à la Jamaïque, quinze mille esclaves périrent de faim. Entre-temps, la Nouvelle-

Écosse et Terre-Neuve prirent le relais : leurs pêcheries embrayèrent sur la production de morues salées « West India », c'est-à-dire de médiocre qualité.

Durant la période coloniale, chaque tournant de l'histoire avait semblé favoriser les pêcheries de la Nouvelle-Angleterre. Après l'indépendance américaine, ce remarquable filon parut se tarir.

Les Britanniques et les Américains se firent de nouveau la guerre en 1812. Les pêcheurs de Gloucester, de Marblehead et des autres ports de la Nouvelle-Angleterre armèrent de rapides bateaux de combat en utilisant les plans de leurs schooners. Ils accomplirent la tâche capitale qu'avait prédite Adams trente ans plus tôt, dans « la préservation de notre indépendance ».

Il revint au fils de John Adams, John Quincy Adams, de négocier la paix à Gand. Comme le reste de sa famille, c'était un ardent avocat des intérêts de la pêche de la Nouvelle-Angleterre. Une fois de plus, la question divisa le Nord et le Sud des États-Unis.

Pour les habitants de la Nouvelle-Angleterre, le traité de Paris, ratifié en 1783, avait été une colossale victoire. Mais les Sudistes voulaient en récrire les clauses parce que, en compensation du droit de pêche sur les Grands Bancs octroyés par les Anglais, ces derniers avaient obtenu un droit de navigation sur le Mississippi. La Nouvelle-Angleterre soutint mordicus que les droits de pêche, approuvés, n'étaient plus négociables. Mais le président en exercice était un Virginien, James Madison : il fit cause commune avec son Sud natal. Le traité de Gand, qui mit fin à la guerre de 1812, dénia aux Britanniques le droit de naviguer sur le Mississippi, mais laissa la question des Bancs ouverte pour une négociation ultérieure.

La Convention de 1818 réaffirma quelques droits de pêche américains sur les Bancs, mais les gens de Nouvelle-Angleterre ne regagnèrent jamais ce que John Adams leur avait obtenu en 1782. Cette question devait rester, durant les deux cents années suivantes, un motif de tension entre les États-Unis et le Canada.

Les pêcheries de morues nord-américaines furent touchées, probablement bien plus que John Adams n'eût consenti à l'admettre, par l'abolition de l'esclavage — en 1834 dans les Indes occidentales britanniques, en 1848 dans les Antilles françaises, en 1849 dans les Antilles néerlandaises.

Après des siècles de révoltes d'esclaves sanglantes, l'Europe avait découvert, dans le sucre de ses betteraves, une alternative sûre au sucre de canne colonial. Les habitants des Caraïbes continuèrent à consommer de la morue salée et à fabriquer des tambours avec les tonnelets qui contenaient le poisson. De nos jours, la morue n'arrive plus en barils, mais on continue de confectionner des tambours pour les musiciens. Lorsque l'économie des puissantes plantations s'effondra, ces petites îles ne furent plus que de tout petits marchés.

Après deux siècles de dumping sur les marchés d'esclaves des Caraïbes, il n'existait à peu près plus aucun contrôle de qualité sur la morue salée nord-américaine. Ainsi Thoreau dépeignit-il les pêcheries de Provincetown en 1851 :

OUVERTURE, DÉCOUPAGE ET FENDAGE

La gorge du poisson doit être coupée aussi près des ouïes que possible. La peau du haut de la cavité ventrale (connue sous le nom de « corde du foie ») doit être entaillée des deux côtés pour éviter les déchirures au moment de l'ouverture et du vidage. Cette ouverture doit être pratiquée près de l'anus, du côté gauche. Toutes les entrailles et le foie doivent être ôtés avec précaution, et la tête tranchée et non arrachée.

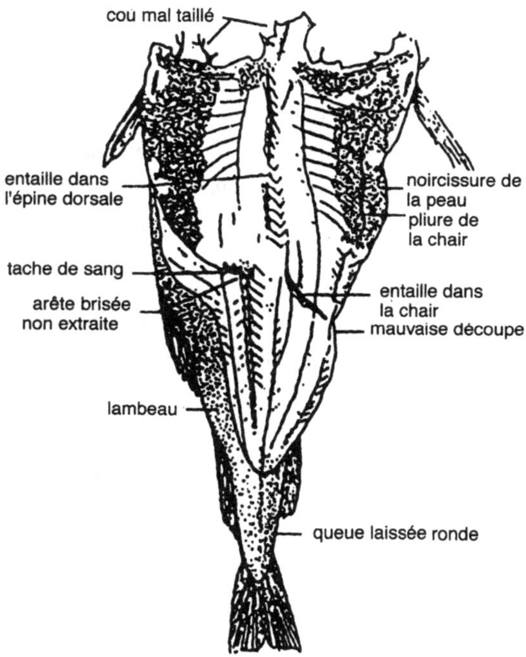

UNE MORUE MAL OUVERTE

La mauvaise façon d'ouvrir une morue, selon les *Notes sur la fabrication du poisson à la saumure et fumé*, de A.W. Fralick, inspecteur de terrain confirmé, Provinces Maritimes, Canada. (Muséum des Pêcheries de l'Atlantique, Lunenburg, Nouvelle-Écosse.)

> À peine tirées de la saumure, dans le local à poisson, les morues gisent en tas hauts de plusieurs pieds, sur lesquels trois ou quatre hommes en bottes de cuir de vache se tiennent debout. Ces ouvriers attrapent les poissons avec des instruments à pointe métallique et les jettent dans des brouettes. Un jeune homme qui mâchait du tabac cracha à plusieurs reprises sur la marchandise. Je pensai : « Très bien, monsieur : si le type plus âgé te surprend, tu vas l'entendre ! » À ce moment, j'aperçus l'homme plus âgé en train de faire la même chose...

Les consommateurs méditerranéens déplorèrent constamment la piètre qualité du poisson préparé à Terre-Neuve. En 1895, une cargaison de morue salée du Labrador et de Terre-Neuve fut envoyée à Bilbao. En la voyant, les Basques s'écrièrent : « Pas de ça ici ! » et l'expédièrent vers le sud de l'Espagne. À la fin du XXe siècle, pratiquement jusqu'au moratoire de 1992, le gouvernement canadien tenta de convaincre les pêcheurs de Terre-Neuve de ne pas transpercer la morue comme le décrivait Thoreau : cela endommageait le poisson.

Depuis le Moyen Âge, le plus grand marché demandeur de morue a toujours été celui des pays méditerranéens. Ces contrées connurent une croissance démographique énorme au XIXe siècle. La population de l'Espagne doubla presque, celle du Portugal fit plus que doubler. Nombre de ports se développèrent en vastes centres urbains, tels Bilbao, Porto, Lisbonne, Gênes ou Naples. En 1900, Barcelone comptait presque un million d'habitants, dont la plupart étaient amateurs passionnés de *bacalao*.

Les Nord-Américains ne s'imposèrent jamais sur ce marché. Quoique Terre-Neuve, le Labrador et la Nou-

Les installations de préparation du poisson de George Dennis, autour de 1900, à l'est de Gloucester. (Peabody Essex Museum, Salem, Massachusetts.)

velle-Ecosse restassent fort dépendants de leurs pêcheries, celles-ci étaient de piètre qualité et largement écoulées à Boston ou aux Caraïbes. La seule exception nord-américaine était la péninsule de Gaspé, où l'on produisait une marchandise de qualité qui convenait aux Méditerranéens. Quelque neuf cents ans après que les Basques eurent remporté sur le fil la compétition contre les Scandinaves, en salant la morue plutôt qu'en se contentant de la sécher à l'air, les Scandinaves redevinrent compétitifs en perfectionnant les techniques de salage. La Norvège et le Danemark, qui contrôlaient l'Islande et les îles Feroë, s'introduisirent avec énergie sur les marchés méditerranéens de haute qualité — et y demeurent implantés.

Même de nos jours, alors que les marchandises et les

personnes voyagent plus librement que jamais, nombre de consommateurs de morue restent attachés aux préparations traditionnelles de leur région. La moderne Montréal est une ville d'immigrants notamment venus des Caraïbes et des pays méditerranéens. Au marché Jean Talon, dans le nord de la cité, les magasins proposent à la fois de petites morues de Nouvelle-Écosse, mal fendues et séchées-salées ; et de belles morues salées de Gaspé, fort bien apprêtées. Les Antillais achètent systématiquement les poissons de Nouvelle-Écosse, les descendants de Portugais et d'Italiens ceux de Gaspé.

En Nouvelle-Angleterre, peu après que les marchés des Indes occidentales eurent décliné, le marché domestique s'accrut. La morue salée devint un produit essentiel pour l'armée de l'Union. Gloucester profita de la guerre de Sécession. Mais la guerre civile accéléra aussi l'industrialisation de l'économie du Nord. La Nouvelle-Angleterre, secteur clé de la révolution industrielle américaine, devint moins dépendante de ses pêcheries. Les vieilles familles de négociants transférèrent leur fortune dans l'industrie. L'expression « aristocratie de la morue » fut désormais employée par une nouvelle classe ouvrière pour rappeler que l'establishment avait fait fortune dans un commerce de bas étage et, par conséquent, selon toute apparence, n'était composé que de « *nouveaux riches* ».

L'image des leaders de la Révolution s'effaça avec celle de leurs atours aristocratiques. On ne se souvint bientôt plus de ces gens que comme des individus hautains, qui avaient gagné beaucoup d'argent grâce aux poissons. En 1874, un révolutionnaire latino-américain, Francisco de Miranda, vint à Boston. Après avoir visité la Massachusetts State House, il déclara que la morue qui y était pendue était « grandeur nature, faite de bois et de mauvais goût ». Pis encore : dans les années 1930, le maire de Boston James Michael Curley, d'origine irlandaise et fieffé populiste toujours prêt à en découdre avec l'establishment de sa ville, refusa d'employer l'expression « aristocratie de la morue ». Il précisa que c'était « une insulte au poisson ».

UNE LONGUE MÉMOIRE

Dans le sud des États-Unis, les esclaves modifièrent la cuisine africaine à l'intention des Blancs. Après la guerre civile, cela continua, dans la mesure où nombre d'anciens esclaves trouvèrent des emplois de cuisiniers dans les corporations ou les chemins de fer. « Je suis né esclave dans le comté de Murray, Tennessee, en 1857. On me donna le nom de mon maître, D.J. Estes, qui possédait la famille de ma mère, composée de sept garçons et de deux filles. J'étais le plus jeune de la famille. » Ainsi débute le livre publié à compte d'auteur par Rufus Estes, « précédemment au service de voitures privées de la Pullman Company, et présentement chef des compagnies auxiliaires de l'United Steel Corporation à Chicago ». La recette de Rufus Estes mentionne la technique de la cuisson à l'étouffée, une date et un lieu. La « morue » dont il s'agit est probablement salée.

Morue à l'étouffée

Prenez un morceau de morue bouillie, ôtez la peau et les os et émiettez-la. Disposez le tout dans une sauteuse avec un peu de beurre, du sel et du poivre, du persil émincé et le jus d'un citron. Portez au feu et quand le contenu de la casserole est bien chaud, le poisson est bon à servir.

Rufus Estes,
Bonnes choses à manger, 1911.

Deuxième partie

Limites

« Morue. Espèce de poisson trop connue pour nécessiter une quelconque description. Elle est fabuleusement prolifique. Leewenhoek compta neuf millions trois cent quatre-vingt-quatre mille œufs dans une femelle de taille moyenne un nombre propre à déjouer tous les efforts de l'homme pour exterminer l'espèce. »

J. Smith Homans et
J. Smith Homans, Jr., éditeurs,
Encyclopédie du commerce
et de la navigation commerciale,
New York, 1858.

7

Quelques idées neuves contre neuf millions d'œufs

« Harvey pouvait voir les morues scintillantes en dessous, qui nageaient en foule et mordaient aussi fermement qu'elles avançaient. Sur le Banc, la loi interdit formellement plus d'un hameçon par ligne quand les doris sont sur Virgin ou Eastern. Mais les bateaux étaient si proches que, même avec un hameçon, tout s'emmêlait. Harvey se retrouva en chaude discussion avec d'un côté un doux Terre-Neuvien velu, de l'autre un Portugais braillard. »

Rudyard Kipling,
Capitaine Courageux, 1896.

Les Bancs sont perfides. On y trouve des fonds de quatre-vingts brasses, mais aussi de quinze ou vingt, voire moins. Parfois, lorsque le temps est à la tempête, les rochers transpercent la surface. Les glaces flottantes détachées du Groenland et de l'Arctique dérivent vers le sud. En 1995, un gros iceberg, ironiquement découpé comme un poisson géant à la nageoire dorsale surélevée, atteignit l'entrée du port de Saint-Jean, à Terre-Neuve. Même contre les hautes falaises de ce havre bien protégé, il paraissait monstrueux — hors d'échelle par rapport à tout ce qui l'entourait. En mer, on a de la peine à estimer la dimension de ces montagnes de glace, jusqu'à ce qu'elles se trouvent soudain devant l'étrave, empêchant de voir quoi que ce soit d'autre.

Et il y a la morue... Durant tous ces siècles, les hommes sont sortis dans l'Atlantique Nord tandis que le vent de l'Arctique gelait les embruns sur le gréement, métamorphosant les lignes en colonnes de glace épaisses d'un pied, rendant les bateaux instables à cause du poids du givre sur le bord au vent. Il fallait casser la glace dans les superstructures pour éviter de chavirer. Même avec la navigation assistée, les radars et les bulletins radio sur les icebergs et les risques de tempêtes, la morue doit toujours être tirée d'une eau entre un et dix degrés Celsius. Les pêcheurs doivent haler leurs lignes dans ces conditions. Il existe aujourd'hui de nouvelles fibres synthétiques qui protègent les mains, mais jusqu'à une époque récente, les pêcheurs enfilaient des moufles — d'épais gants de caoutchouc doublés de coton. Cela les rendait maladroits. Il est difficile de raccommoder un filet avec des gants ; mais, sans eux, les doigts gèlent sans prévenir en une demi-heure. Lorsque le bout de leurs doigts devenait noir, tout ce que pouvaient faire les pêcheurs était de les dégeler dans l'eau froide. L'eau chaude leur eût causé une douleur insupportable. De toute façon, la pêche est dure pour les mains : il arrivait souvent que les hommes perdent un doigt, ou une phalange, à cause d'une gelure, d'une arête sur la ligne ou d'un engin du bord. Invariablement, leurs mains se couvraient de profondes coupures qui s'infectaient. Lorsqu'elles avaient été trop martyrisées, engourdies en permanence par le froid, ou lorsqu'il leur manquait trop de doigts, les pêcheurs étaient contraints à la retraite.

Ces hommes aiment parler de leur *esprit de corps*, et il est vrai qu'il existe chez eux une chaude *camaraderie*, un sentiment d'appartenir à une fraternité d'élite. Les pêcheurs sont comme les vétérans des guerres, qui ne se sentent compris que par les compagnons qui ont survécu aux mêmes batailles qu'eux. Cependant, la pêche constitue une lutte constante pour la survie économique. Chaque homme travaille pour des parts de capture. Quiconque ne tient plus le coup, fût-ce à cause d'une blessure ou de l'âge, est rejeté de la pêcherie. Il existe peu de professionnels de plus de cinquante ans. Et, parce que les pêcheurs sont des indépendants, et non des salariés, les gouvernants ont été longs à reconnaître à ceux qui ne peuvent plus travailler le droit aux prestations sociales.

L'un des pires ennemis du pêcheur de morues, notamment dans la période qui précéda la radio, fut le brouillard. Parce que les territoires de ces poissons s'étendent au confluent de courants chauds et froids, le brouillard y est commun. Il peut devenir si épais que la proue d'un bateau de vingt-cinq mètres devient invisible depuis le milieu de la coque. Impossible de distinguer à trente mètres une lanterne d'étrave. Les bateaux dérivaient dans une masse grise sans formes. Les hommes actionnaient leurs cornes de brume et soufflaient dans des sifflets en espérant qu'on pourrait les entendre depuis les autres embarcations et éviter les collisions. Mais le danger principal concernait les équipiers des doris.

Perdu dans le brouillard, par James Gayle Tyler, collection Russel W. Knight. (Peabody Essex Museum, Salem, Massachusetts.)

Du XVIIe siècle aux années 1930, la méthode la plus courante pour pêcher la morue et les autres poissons de fond consista à gagner le banc en bateau, puis à mettre à l'eau de petits canots à deux hommes : les doris. Les Portugais, qui furent célèbres sur les Grands Bancs pour la dureté de leurs conditions de travail, utilisèrent même des doris à un seul homme. Les Européens traversaient l'océan sur de grands navires dotés d'un pont spacieux et de vastes cales. Les hommes de la Nouvelle-Angleterre et de la Nouvelle-Ecosse sortaient dans des schooners, capables de revenir rapidement à la côte débarquer leur poisson. Mais les doris étaient les mêmes : des esquifs non pontés, longs d'une vingtaine de pieds. Leurs équipiers — parfois nommés « dorissiers » — manœuvraient à la rame, occasionnellement à la force du vent, mais à condition de fournir leur propre voile. En général, eux ou leur femme confectionnaient cette dernière en cousant des sacs à farine.

Parce qu'ils entraient en concurrence, les dorissiers tenaient volontiers secrets les fonds de pêche qu'ils avaient découverts. Nombre d'entre eux se noyaient, mouraient de faim ou périssaient de soif, perdus dans le brouillard, en sillonnant une mer vide à la recherche de leur bateau d'attache. Ils tentaient de pêcher jusqu'à ce que leur canot déborde de morues. Mais plus ils prenaient de poissons, moins leur embarcation tenait la mer. Il arrivait que le doris soit tellement surchargé qu'un petit surplus d'eau, apporté par une vague de clapot au-dessus du bordé, suffît à envoyer tout ensemble par le fond l'esquif, les poissons et les pêcheurs.

René Convenant, l'un des derniers dorissiers bretons, raconte ainsi la mort de son père :

> Mon père disparut sous soixante mètres d'eau froide, à Terre-Neuve. Je suppose qu'il fut victime d'une vague un peu plus forte que les autres, dans son doris rempli de poissons jusqu'aux plats-bords. La fragile chaloupe se chargea de glace, et, alourdis par leurs bottes et leur ciré, mon père et son compagnon — un jeune de vingt-deux ans — coulèrent sur-le-champ. Une mort terrible et sans témoins, dans un brouillard cotonneux qui étouffait tous les sons. Comme un cauchemar sans réveil...
>
> « Ton père, je le connaissais bien. C'était un excellent pilote de doris. » Telle fut l'unique oraison funèbre du marin manquant, qu'un autre marin — le Père Louis — prononça bien des années plus tard, lorsque je le questionnai sur la disparition de mon père.

Pour les peuples marins de l'Atlantique Nord, la rudesse des chaloupes et le courage des dorissiers étaient légendaires. En 1876, Alfred Johnson, *doryman* de Gloucester originaire du Danemark, releva un défi et mena son bateau de seize pieds de Gloucester à Abercastle, au Pays-de-Galles, en cinquante-huit jours, réalisant ainsi la première traversée connue de l'Atlantique Nord en solitaire. Les gens de la Nouvelle-Ecosse se souviennent aussi d'un *doryman* du XIXᵉ siècle qui se perdit dans le brouillard durant seize heures avant d'être retrouvé — record de survie de la province... Mais le plus célèbre pilote de doris de la Nouvelle-Ecosse fut Howard Blackburn, qui émigra à Gloucester. Le 23 janvier 1883, lui et son compagnon s'éloignèrent en ramant de leur bateau d'attache pour pêcher le flétan à la longue ligne. Ils se perdirent dans une tempête de neige. Le compagnon mourut gelé, mais Blackburn attacha ses doigts aux avirons de telle sorte qu'il pût encore ramer après que ses mains eurent perdu toute sensibilité. Il rama cent milles et gagna Terre-Neuve, le corps gelé de son compagnon assis à l'arrière... Bien que cette mésaventure lui coûtât tous les doigts et la plupart des orteils, il retourna à la mer dans des sloops adaptés à son handicap, établit un record en solitaire de trente-neuf jours entre Gloucester et Lisbonne, et alla même ramer au large des côtes de Floride, les poignets liés aux avirons !

On ne perdit pas que des doris. De grands bateaux allèrent par le fond. John Cabot avait été le premier d'une longue liste. Le nombre de pêcheurs de Gloucester perdus en mer entre 1830 et 1900, soit trois mille huit cents, dépasse de soixante-dix pour cent celui de tous les Américains disparus lors de la guerre de 1812 ; or, Gloucester ne compte qu'environ quinze mille âmes. Le 24 février 1862, une tempête balaya le Banc Georges : cent vingt hommes se noyèrent en une nuit. Dans les années 1870, tandis que les schooners se faisaient toujours plus légers et chargeaient toujours davantage de toile, ce qui les rendait plus rapides et plus beaux, mais aussi plus dangereux, les pertes de Gloucester devinrent terribles. Ces « clippers-schooners », peu quillés et gréés dans les hauts, ne tenaient guère dans les grains. En 1871, vingt de ces navires et cent quarante hommes disparurent. En 1873, trente-deux vaisseaux et cent soixante-quatorze marins périrent, dont cent vingt-huit dans le même coup de vent. Un gros grain de l'est, en 1879, expédia par le fond vingt-neuf bateaux et deux cent quarante-neuf hommes.

Les ports qui envoyaient des flottes sur les Grands Bancs observaient des cérémonies religieuses avant le début de ce qu'on appelait la « campagne ». À Saint-Malo, à la fin février, quinze jours avant que les terre-neuvas ne prennent la mer, le cardinal de Rennes venait dire la messe sur le port devant la flotte rassemblée. On jetait une gerbe à la mer pour honorer la mémoire des disparus des campagnes précédentes.

Avec la modernisation de la pêche, les pêcheurs sombrèrent moins souvent dans leurs doris, mais furent coincés par les treuils électriques qui leur servaient à haler rapidement les câbles, ou heurtés par les portes des chaluts qui balayaient le pont, ou encore écrasés par les enrouleurs. Sur les chalutiers modernes, la première cause de mortalité est l'écrasement sous un engin ; elle est suivie de près par la cause de décès la plus classique des marins : la noyade. Des bateaux coulent en pleine mer. Des hommes tombent ou sont précipités par-dessus bord. Un pêcheur qui se prend le pied dans un filin qui dévire à toute vitesse peut être entraîné et noyé avant même que quelqu'un réalise qu'il est à la mer.

Les pêcheurs n'aiment pas parler entre eux de ces risques — exactement comme Sam Lee et ses amis de Petty Harbour refusaient d'évoquer le danger de tomber de leur barque à pont ouvert... Mais même les plus chanceux des équipiers ont en réserve une ou deux anecdotes de catastrophes évitées de justesse. Les pêcheurs ont le taux d'accident le plus élevé de tous les travailleurs des pays de l'Atlantique Nord. Un rapport du gouvernement canadien de 1985 note que, sur cent mille professionnels, deux cent douze pêcheurs périssent au travail, contre cent dix-huit bûcherons, soixante-quatorze mineurs et trente-deux ouvriers du bâtiment. En 1995, cinq travailleurs américains sur cent mille trouvaient la mort dans un accident professionnel, mais la proportion montait à cent chez les pêcheurs. De même, une étude britannique de 1983 montre que le taux de mortalité chez les pêcheurs est vingt fois plus élevé que chez les ouvriers d'usine.

L'une des raisons de cette proportion élevée d'accidents est que les pêcheurs ont toujours pris très peu de repos. Quand les captures étaient bonnes, ils travaillaient un jour ou deux sans dormir. Du temps des anciennes pêcheries pour le salage, lorsqu'ils revenaient à bord du gros bateau, ils devaient encore nettoyer leurs morues. Il fallait couper la tête, ouvrir le ventre, mettre le foie de côté — parfois avec les œufs, les vessies, les gorges et d'autres morceaux. Puis le poisson devait être fendu avec soin, et l'arête ôtée. Un mauvais tranchage lui ôtait sa valeur. Après quoi, il fallait encore le saler. Avec beaucoup de chance, le pêcheur dormait quelques heures.

Ligne à main. Les pêcheries de morues du Banc Georges, planche 32, extrait des *Pêcheries et industries de pêche des États-Unis*, par George Brown Goode, 1887. (Peabody Essex Museum, Salem, Massachusetts.)

La première impulsion pour moderniser la pêche à la morue vint de France. En 1815, le nouveau pouvoir décida de subventionner la reconstruction des pêcheries nationales, qui avaient été dévastées par la Révolution et les guerres napoléoniennes. Revitaliser l'économie ne constitua qu'une part de la motivation. Comme l'avait déjà souligné John Adams, il revenait moins cher de subventionner une flotte de pêche lointaine à la morue, qui forme d'excellents marins, que d'entretenir et d'entraîner une marine de guerre. Les Britanniques commencèrent de faire la même chose à contrecœur, non sans avoir passé des années à dénoncer les subventions françaises.

Les Français équipèrent leurs flottes de Terre-Neuve de longues lignes, également connues sous le nom de « palangres », « lignes à poste » ou « lignes traînantes ».

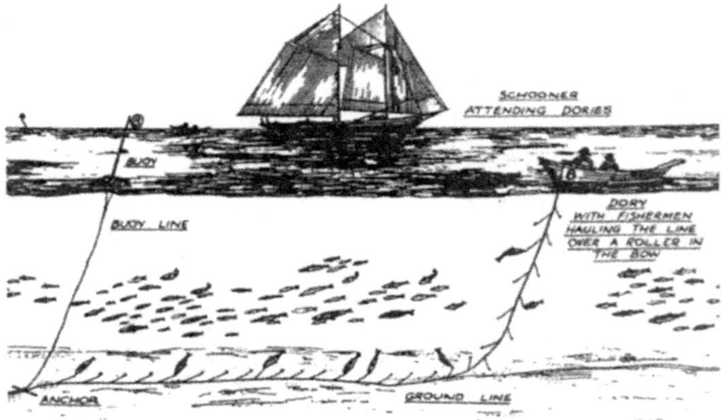

Doris pêchant à la ligne à la traîne (longue ligne), figure 4, extrait de *Pêcheries et navires de pêche de l'Atlantique canadien*, par N.J. Thompson et J.A. Marsters. (Peabody Essex Museum, Salem, Massachusetts.)

Jusqu'alors, la principale technique de pêche à la morue restait la ligne à main, précisément la méthode que Sam Lee et les pêcheurs côtiers de Terre-Neuve continuent d'employer. Parfois, on disposait un écarteur à l'extrémité, de façon à installer deux hameçons appâtés au lieu d'un.

Il existe des indications selon lesquelles les Britanniques employèrent des longues lignes dès 1482, peut-être même plus tôt, au large de l'Islande. Mais avant les Français du XIXe siècle, le système ne s'était jamais répandu parce qu'il requérait une énorme quantité d'appâts. Dans les eaux canadiennes, les Français découvrirent des masses de harengs et de capelans. Quoique modestes au regard des standards actuels, les longues lignes françaises du début du XIXe siècle étaient plus longues qu'elles ne l'avaient jamais été. Elles pouvaient varier d'un minimum d'un demi-mille à un maximum de quatre ou cinq milles. Chaque mètre environ, une aiguillette armée d'un hameçon y était attachée. Un doris mouillait la ligne. Des tonnelets calfatés servaient de bouées, disposés à distances régulières. Ils permettaient de retrouver la ligne. Aujourd'hui, les bouées sont des boules de plastique de couleur vive, munies — pour être encore plus visibles de loin — d'un drapeau juché sur un mât de cinquante centimètres de hauteur. Dans son doris, le marin ramait le long de la ligne, qu'il relevait pour récupérer le poisson, avant de réappâter et de remouiller le câble.

Il est écrit, en 1861, dans le *Journal de l'Assemblée* de Nouvelle-Écosse : « La pêche à la palangre, cela ne fait que peu de doute, fut encouragée par l'énorme cadeau de dix francs, payé par le gouvernement français pour chaque quintal (environ soixante-cinq poissons) de morues capturées par les pêcheurs du pays... Le rapporteur en a été informé : aussi incroyable que cela paraisse, certaines de ces lignes ont jusqu'à dix mille hameçons attachés sur elles. » Un tel dispositif ne requérait, pour fonctionner, que quelques douzaines d'hommes et cinq doris.

Au XIXe siècle, tandis que grandissait le débat sur les longues lignes, le nationalisme, plus que la conservation, semble avoir été la question essentielle. La compétition déloyale engendrée par les subventions françaises mit en fureur l'Amérique du Nord britannique (ce qui allait devenir le Canada), bien davantage que le risque de surpêche dû à la nouvelle technique ainsi financée.

La défiance vis-à-vis des nouvelles méthodes est consubstantielle au monde de la pêche. La technique de la palangre fut controversée en Islande, comme le fut aussi la pêche au filet, pratiquée pour la première fois dans ces eaux en 1780. Les pêcheurs rejetèrent les filets parce qu'ils eurent peur qu'ils ne fassent fuir les poissons, et qu'eux-mêmes dussent se déplacer vers d'autres eaux. La principale objection des Scandinaves à la longue ligne fut qu'elle était déloyale, c'est-à-dire antidémocratique. La palangre nécessitait un capital pour acheter de grandes quantités d'appâts ; ceux qui ne pouvaient pas se procurer ces leurres n'avaient aucune chance de pêcher. En Amérique du Nord, le principal argument contre les longues lignes, au XIXe siècle, fut le même que celui que fit valoir Petty Harbour lorsqu'il en bannit l'usage à la fin des années 1940. Comme le décrit Kipling dans son roman, trop de pêcheurs travaillaient ensemble sur les mêmes fonds. S'ils se mettaient tous à employer des palangres, la place viendrait à manquer et ils s'emmêleraient constamment dans les lignes du voisin.

Rares furent les mesures de pure conservation, comme la loi de 1858 qui, à Terre-Neuve, imposa la taille des mailles des filets de pêche au hareng. Mais il était difficile de songer à la surpêche alors que les chiffres des prises s'amélioraient chaque année. Les captures augmentaient parce que les réserves étaient encore maximales, tandis que la pêche devenait de plus en plus efficace. Les techniques perfectionnées permettaient de récolter toujours plus, et on n'avait pas l'impression que les stocks s'épuisaient.

Au XIXe siècle, la force indomptable de la nature constitua un dogme à la mode. Cette époque fut marquée par un formidable optimisme à l'égard de la science. La leçon, glanée chez Charles Darwin (tel qu'il fut interprété par le très influent philosophe des sciences Thomas Henry Huxley), fut que la nature était une puissance merveilleuse et obstinée, qui détenait les inéluctables solutions à tous les problèmes de la vie. Huxley était membre de trois commissions sur la pêche en Grande-Bretagne. Il joua un rôle majeur dans celle qui, en 1862, examina une plainte des pêcheurs de harengs au filet dérivant. Selon ces derniers, les longues lignes étaient responsables de la diminution de leurs prises. Ces hommes exigeaient une législation qui restreigne l'usage des palangres. La commission de Huxley jugea ces doléances non scientifiques et préjudiciables aux « modes d'industrie les plus productifs ». Elle établit, par la même occasion, la tradition selon laquelle les gouvernants ignorent les observations des professionnels de la pêche. Elle nota que « les pêcheurs, en tant que classe, sont excessivement peu observateurs de quoi que ce soit qui concerne les poissons, mais qui ne s'impose pas absolument à eux du fait de leurs tâches quotidiennes ».

En 1883, à l'Exposition internationale sur la Pêche de Londres, qui fut suivie par la plupart des grands pays du monde, Huxley prononça une allocution où il expliqua que la surpêche était une appréhension non scientifique et non fondée : « Toute tendance à la surpêche trouvera son coup d'arrêt naturel dans la diminution de la ressource. Ce butoir interviendra toujours dans le processus bien avant que ne se produise quelque chose comme un épuisement définitif. »

Connaissant l'impact international des travaux d'Huxley dans les trois commissions, on est étonné de l'explication qu'il donna un jour sur sa participation à ces séances rémunérées : « Un homme avec une demi-douzaine d'enfants désire toujours tout l'argent sur lequel il peut mettre la main. »

Durant les cent années qui suivirent, l'influence d'Huxley se refléta dans la politique du gouvernement canadien. Un rapport de 1885, dû au ministre canadien de l'Agriculture, L.Z. Joncas, déclare :

> Ici la question se pose : les pêcheries du Canada ne seraient-elles pas bientôt épuisées si elles travaillaient sur une plus grande échelle, et serait-il sage de consacrer une plus grande quantité de capital à leur amélioration ?
>
> [...] Pour ces poissons qui, tels la morue, le maquereau, le hareng, etc., sont les plus importants de nos poissons marins ; qui forment la majeure partie de nos exportations de pêche ; et qu'on appelle généralement « poissons commerciaux », j'irais jusqu'à prétendre que leur protection est inutile. Je dirais qu'il est impossible, non seulement de les épuiser, mais même de réduire sensiblement leur nombre par les moyens aujourd'hui employés à leur capture ; notamment si, en les protégeant durant leur saison de reproduction, nous nous bornons à les pêcher sur leurs lieux de nourrissage. Durant les derniers trois cents ans, la pêche s'est poursuivie dans le golfe du Saint-Laurent et le long de la côte des Provinces maritimes ; bien que d'énormes quantités de poissons y eussent été prises, il n'y a aucun indice d'épuisement.

Joncas basait cette certitude en se référant aux conclusions d'une commission royale britannique à laquelle Huxley avait participé : « En dépit de l'énorme et continuel accroissement des quantités de poissons capturées chaque année près des côtes de la Grande-Bretagne, les pêcheries anglaises ne montrent nul signe d'épuisement. »

Mais Joncas poursuivait aussi un but politique en formulant ses remarques. Il espérait que le gouvernement du Canada, à l'exemple de celui de la France, s'impliquerait davantage dans le soutien de l'industrie de pêche nationale. Dans les décennies qui avaient suivi l'utilisation des longues lignes par les Français, cette méthode s'était largement répandue parmi les pêcheurs canadiens. Joncas choisit d'argumenter en faveur des filets maillants, parce que ces engins ne requéraient pas la grande quantité d'appâts indispensables aux palangres. Il souligna que les filets maillants étaient utilisés par le plus grand concurrent du Canada sur le marché mondial de la morue : la Norvège.

Un filet maillant est un filet ancré juste au-dessus du plancher de l'océan. Il ressemble à quelque chose comme un filet de badminton. Les poissons de fond s'y font prendre, tentent de s'en extraire en force, la tête la première, et finissent étranglés au niveau des ouïes. L'engin est marqué par des bouées. Les pêcheurs n'ont qu'à le remonter chaque jour pour y récupérer les prises. Il arrive que le filet se détache de ses ancrages. En dérivant dans l'océan, il continue de pêcher jusqu'à ce qu'il devienne si lourd qu'il coule. Au fond de la mer, diverses créatures se régalent des prises. Lorsqu'une certaine quantité a été dévorée, le filet recommence de flotter, et le processus reprend — aidé par le fait que, au XXe siècle, le filet maillant est devenu presque invisible, les cordes de chanvre ayant été remplacées par du Nylon, puis par des monofilaments. Parce que les nouvelles fibres sont absolument indestructibles, on estime que chacun de ces « filets fantômes » est susceptible de continuer à pêcher pour son propre compte pendant plus de cinq ans.

Joncas se plaignit que les vingt à trente-cinq schooners utilisés dans la péninsule de Gaspé et aux îles du Prince-Edouard fussent trop petits pour être compétitifs. Il recommanda au gouvernement d'aider les pêcheurs canadiens à acquérir de grands bateaux, avec des ponts spacieux pour embarquer la totalité du matériel de traitement du poisson. Ce qu'un jour, on appellerait un « bateau-usine ».

La solution à la requête de Joncas existait déjà. Au milieu du XIXe siècle, le moteur à vapeur avait été mis au point. Les pêcheurs furent lents à s'emparer de l'invention. Lorsqu'ils le firent, ce fut l'idée nouvelle qui changea pour la première fois, de façon dramatique, la pêche à la morue depuis que l'Amérique du Nord avait été découverte. Aussitôt surgit une autre idée : la conservation des aliments par le froid. Une fois ces deux inventions réunies, la nature même de la pêche commerciale s'en trouverait bouleversée.

DÉLICES D'ŒUFS DE MÈRE MORUE

> « Mr Leopold Bloom mangeait avec délectation les organes internes des bêtes et du gibier. Il aimait la soupe épaisse d'abattis, les gésiers au goût de noisette, un cœur rôti à l'étouffée, des tranches de foie frites à la chapelure, ou des œufs frits de mère morue. »
>
> James Joyce,
> *Ulysse*, 1922.

Les goûts de Leopold Bloom sont plus « vieille manière » qu'excentriques. Jusqu'à une époque récente, les œufs de morue — la rogue — formaient l'ornement principal des petits déjeuners irlandais. De nos jours, nombre d'Irlandais ne mangent plus d'œufs de morues au petit déjeuner parce que (ils ne semblent pas en avoir conscience) ce qu'ils nomment « petit déjeuner irlandais » ressemble de plus en plus à un petit déjeuner anglais. Dans les anciens vrais petits déjeuners irlandais, la rogue était coupée en deux et grillée dans du lard, ou simplement bouillie.

ROGUE BOUILLIE

Mieux vaut acheter la rogue crue et la cuisiner soi-même. Ne la choisissez pas trop grosse ; les plus petites ont une saveur plus délicate.
Enveloppez la rogue dans une étamine et mettez-la dans de l'eau chaude salée. Laissez-la cuire très douce-

ment — l'eau doit frémir, pas davantage — pendant au moins trente minutes. Lorsque c'est cuit, sortez de l'eau et laissez refroidir. Il faut enlever la membrane externe avant la préparation ; laissez-la en place jusqu'à ce que vous utilisiez la rogue : elle la préserve de la moisissure.

Theodora FitzGibbon,
Un goût d'Irlande, 1968.

Voir aussi pages 287-289.

8

Les deux dernières idées

> « Il dit : “De cette morue délectable
> Je vais fameusement souper !”
> Alors, plus blanc que la nappe,
> Un fantôme surgit ! »
>
> Thomas Hood (1799-1845),
> *Le Souper superstitieux.*

Supposons qu'un pêcheur de morues du temps de Cabot ait pu revenir travailler en 1900 : il eût été épaté par les nouvelles inventions sur la terre ferme, mais en mer, le travail lui eût semblé familier. Lorsque le voyage de John Cabot ouvrit aux Européens les eaux de l'Amérique du Nord, la nature de la pêche à la morue changea radicalement. Cependant, durant les quatre siècles suivants, les hommes traquèrent le poisson de la même manière. En vérité, la navigation progressa au XVIIe siècle. Au XVIIIe, le chronomètre rendit possible la détermination de la longitude. Les trois-mâts et leurs doris furent améliorés. On inventa le schooner en Nouvelle-Angleterre. L'apparition du télégraphe, puis du câble transatlantique, permit aux flottes hauturières de connaître la tendance des prix sur les marchés — ou les avis de tempêtes. Mais au début du XXe siècle, ces inventions n'avaient que légèrement modifié le travail du pêcheur et sa capacité à prendre le poisson. Les hommes œuvraient toujours sur les mêmes fonds, avec le même genre de matériel affecté de variations mineures, sur des vaisseaux mus par le vent (les Islandais utilisaient encore la rame). Il s'agissait toujours d'un métier dangereux et pénible.

Au XXe siècle, les flottes de Lunenburg, de la Nouvelle-Écosse et des Grands Bancs étaient encore à voile. La « préparation Lunenburg », lourdement salée sur des schooners, puis séchée sur claies le long de la côte rocheuse, était exportée aux Caraïbes. La ville de Lunenburg est bâtie sur une colline descendant en pente vers un port abrité. Dans l'une de ses rues supérieures, se dresse une église presbytérienne à la girouette décorée d'une énorme morue dorée. Sur le front de mer, les maisons aux toits de bardeau sont rouge brique : cette couleur provient, à l'origine, d'un mélange d'argile et d'huile de foie de morue destiné à protéger le bois contre le sel marin. Telle est l'apparence de la Nouvelle-Écosse : bois rouge brique, pins vert sombre et mer charbon de bois.

La pêcherie de Lunenburg était réputée pour ses schooners, et pour son rôle dans une série de courses à la voile qui opposèrent le Canada aux États-Unis, entre 1886 et 1907. En 1920, la compétition de la Coupe de l'America fut annulée en raison de la trop forte mer. L'éditeur du *Halifax Herald and Mail*, jugeant ces sportifs bien peureux, offrit un prix de cinq mille dollars et une coupe d'argent pour une course de schooners de pêche entre Lunenburg et Gloucester. Les pêcheurs, dit-il, s'entendent à mener les voiliers dans le gros temps. Le *Gloucester Daily Times* releva le défi. La firme de produits de la mer Gorton, de Gloucester, parraina un bateau qui battit deux fois celui de Lunenburg. Mais, en 1921, Lunenburg construisit un schooner plus grand, le *Bluenose.* La compétition se poursuivit jusqu'en 1938. Les équipiers de Gloucester gagnèrent plusieurs courses, mais ne purent jamais ravir la coupe au *Bluenose*, qu'on peut encore voir aujourd'hui sur la pièce canadienne de dix cents, sur des boîtes d'allumettes, à vrai dire presque partout où l'œil se pose dans le Canada maritime.

Les pêcheurs de Gloucester embarquèrent sur des schooners jusqu'à la Seconde Guerre mondiale. Leur ultime voilier de ce type, armé par la firme Gorton, fut le *Thomas S. Gorton*, construit en 1905 et qui navigua jusqu'en 1956. En 1963, le dernier schooner de pêche de Lunenburg, le *Theresa E. Connor*, cingla à vide vers Terre-Neuve : il n'avait pu trouver d'équipage en Nouvelle-Écosse qui fût prêt à partir pêcher la morue sur les Grands Bancs. À Terre-Neuve, personne ne voulut non plus embarquer. Tout ce qu'on avait imaginé pour rendre les schooners plus rapides les avait aussi faits plus dangereux. Incapable de recruter un équipage, le *Theresa E. Connor* revint à Lunenburg, où il est encore attaché — comme pièce d'un musée marin.

Entre-temps, pendant soixante-dix ans, les Européens avaient utilisé la puissance du moteur dans leurs eaux. À cause du coût du combustible nécessaire pour traverser l'Atlantique, ils avaient été lents à convertir leurs flottes hauturières. Les Français continuèrent à envoyer des bateaux à voiles et des doris sur les Grands Bancs jusque dans les années 1930, alors que la plupart des pêcheries d'Europe du Nord étaient déjà motorisées. L'ultime navire portugais qui travailla sans moteur sur les Grands Bancs, le *Anna Maria*, coula dans une tempête en 1958. Mais c'est bien lorsque le *Theresa E. Connor* fut contraint de rester à l'ancre, faute d'équipage, cent ans après que la turbine à vapeur eut été inventée, que s'acheva le temps de la voile pour les morutiers.

Dans le domaine de la pêche, les nouvelles techniques vinrent en général d'Europe, où les fonds marins étaient exploités depuis plus longtemps, et où il était plus difficile de prendre du poisson qu'en Amérique du Nord. La concurrence exacerbée pour des captures en constante diminution fut un puissant stimulant. La mer du Nord, partagée entre huit nations riveraines animées d'un violent esprit de compétition dans le domaine de la pêche, fut le laboratoire des innovations.

À l'origine, nombre de bateaux à traîne — ceux qui tirent derrière eux leur matériel de pêche — étaient équipés de longues lignes. Mais, quand ils eurent un moteur, un filet halé juste au-dessus du plancher de la mer (ce que les gens de la Nouvelle-Angleterre appellent un « dragueur de fond ») devint leur engin de pêche le plus habituel. Le chalutage ne constituait certes pas une idée neuve. Pendant des siècles, les Britanniques, et les Flamands de l'autre côté de la mer du Nord, avaient capturé la crevette en tirant sur le lit de la mer un filet muni d'un madrier de bois qui le tenait béant sur le fond. L'engin était halé près de la côte, à marée basse, par un cheval. Des bateaux dragueurs à voile, appelés *smacks* (« claques »), commencèrent de travailler dans la contrée, notamment après 1837, lorsqu'on découvrit un banc baptisé Silver Pits, juste au sud du fameux et poissonneux Dogger Bank.

Ces fonds riches en morues métamorphosèrent les ports jumeaux de Hull et de Grimbsby, sur la rivière Humber : ces villes de pêche traditionnelle devinrent des ports importants. C'est là que l'énergie de la vapeur fut, pour la première fois, vouée à la pêche. Des navires à aubes et à vapeur commencèrent de haler des filets en long et en large sur les bancs de la mer du Nord. Dès que les vapeurs existèrent, ce ne fut, en fait, qu'une question de temps pour que les vieux chaluts à madrier remorqués par les « claques » ne fussent montés derrière les nouveaux navires. Quelques bateaux à aubes furent d'abord gréés pour le halage. Puis, en 1881, un chantier naval de Hull construisit un chalutier à vapeur baptisé *Zodiac*. Dans les années 1890, plus un seul chalutier à voiles ne sortait de Hull, et les vapeurs étaient devenus communs en mer du Nord.

Le premier chalut moderne (ou « chalut-poche ») fut fabriqué en Écosse, en 1892. Au lieu d'un madrier, qui ne permettait à l'engin de fonctionner que sur fond plat, son ouverture comportait une chaîne que des roulettes de métal, attachées en dessous, rendaient encore plus mobile. Des flotteurs soutenaient la partie supérieure de la « gueule ». Le filet restait ouvert horizontalement grâce à deux « portes » — deux planches solidement renforcées de part et d'autre de l'ouverture. Ce chalut-poche fut le prototype des dragueurs de fond modernes. En 1895, il était devenu l'équipement standard de la flotte de pêche britannique en mer du Nord. Rapidement, les autres pays d'Europe rivalisèrent pour s'en équiper dans les mêmes eaux.

Tandis que les Britanniques développaient la vapeur pour réduire le temps passé en mer, les Américains subissaient les coups d'assommoir des naufrages, tentant d'adapter des gréements de plus en plus hauts sur des schooners dont ils voulaient sans cesse augmenter la vitesse. De 1880 à 1897, les années durant lesquelles les Anglais mirent au point le chalutier à vapeur en mer du Nord, rien qu'à Gloucester, pas moins de mille six cent quatorze pêcheurs se perdirent en mer. Les habitants de Nouvelle-Angleterre et de Nouvelle-Écosse accordaient peu d'attention aux innovations européennes. Ils étaient obstinément attachés à leurs schooners, certes majestueux, mais mortels. Les pêcheries de Terre-Neuve et du Labrador s'effectuaient près des côtes, où de petits bateaux conçus pour le piégeage ou la pêche à la ligne à main rapportaient de belles prises pour un modeste investissement.

Le premier chalut-poche fut introduit en 1893 en Nouvelle-Angleterre — loué à titre expérimental par la Commission américaine des Pêches à un groupe de professionnels du cap Cod. Mais le banc Georges resta largement sous voiles pendant encore trois décennies. Finalement, en 1918, des chalutiers à coque d'acier furent construits à Bath, dans le Maine. Une flotte de chalutage se développa à Boston.

Une fois que les bateaux à moteur eurent remplacé la voile et la rame, la pêche cessa d'être pratiquée de façon passive — avec un matériel conçu pour attendre le poisson. Il devint possible de traquer les bancs. Parce qu'on pouvait sans cesse imaginer un moteur plus gros et plus puissant, l'échelle de la pêche sembla devoir augmenter quasiment sans limites.

Les bateaux à vapeur munis de chaluts modernes rapportaient des prises six fois supérieures à celles des anciens bateaux à voiles. Dans les années 1890, en mer du Nord, les stocks de poissons donnèrent déjà des signes d'épuisement. Mais la première réaction ne fut pas de protéger. Au lieu de cela, la flotte européenne cingla plus loin, vers les riches fonds de l'Islande.

Les énormes quantités débarquées provoquaient périodiquement l'effondrement des prix, créant des ravages sans précédent sur les marchés. Dans les années 1920, les protestations des pêcheurs contraignirent le gouvernement canadien à interdire de nouveaux accroissements de la flotte chalutière du pays. La qualité du poisson préparé déclina : à partir du moment où l'énergie de la vapeur rendit les vaisseaux de plus en plus rapides, les compétiteurs rivalisèrent pour être les plus prompts à apporter leurs prises aux marchés. En 1902, le consul britannique de Gênes écrivit ces mots qui pourraient avoir été prophétiques : « Nous ferions mieux d'en revenir au vieux système des navires à voiles. »

Mais la technologie ne se renverse jamais elle-même. On invente de nouvelles techniques pour résoudre de nouveaux types de problèmes. Dans le domaine de la pêche commerciale, la grande question fut toujours d'apporter le poisson au marché en bon état. Pendant des siècles, les populations riveraines gardèrent les animaux vivants dans des étangs naturels ou des bassins aménagés. Pour conserver les espèces d'eau salée, ces peuples utilisèrent des parcs de marée, dans lesquels ils construisaient des enclos de bois. Dès le XVIe siècle, en Hollande, on employa des « puits mouillés », c'est-à-dire des bateaux étanches, dotés de viviers et de trous pour la circulation de l'eau de mer. Au XVIIe siècle, les constructeurs de navires anglais se mirent à équiper leur flotte en « puits mouillés », parce que les Britanniques n'aimaient guère le poisson salé, tandis que la demande en poisson frais croissait sans cesse. En Nouvelle-Angleterre aussi, on construisit des « claques-puits », des bateaux à « puits mouillés », afin de transporter le poisson vers Boston ou New York. Mais, dans ces conteneurs surpeuplés, bourbeux et manquant d'oxygène, la mortalité était élevée. Les morues, les lingues et autres gadiformes, espèces d'eau profonde, ne pouvaient survivre en surface. Leur vessie natatoire gonflait de gaz. Désorienté, le poisson venait flotter, puis mourait. Les pêcheurs essayèrent sans grand succès de percer les vessies natatoires des animaux pour les empêcher de remonter dans les puits.

Les moteurs ouvrirent d'autres perspectives. Grâce à eux, les Britanniques expérimentèrent des puits d'eau pompée, où l'on pouvait maintenir un taux d'oxygène correct. Le chemin de fer permit d'envoyer rapidement le poisson vers les marchés de l'intérieur des terres. En Grande-Bretagne, les ports devinrent autant de centres ferroviaires.

Quoique peu de personnes l'eussent noté, l'idée suivante — qui devait changer à jamais la pêche dans l'Atlantique Nord — fut expérimentée par un New-Yorkais passablement excentrique, qui passait l'hiver au Labrador. Clarence Birdseye, né à Brooklyn en 1886, avait laissé tomber l'école en 1910, faute d'argent. Las des emplois de bureau mal payés de New York, il partit pour devenir

Carte postale, 1910, schooner. (Peabody Essex Museum, Salem, Massachusetts.

trappeur au Labrador, avec sa femme, Eleanor, et leur fils. Il remarqua que, lorsqu'il laissait geler de la verdure, celle-ci traversait l'hiver sans perdre sa saveur. Il emplit d'eau salée la cuvette qui servait à laver le bébé, y mit des légumes et l'exposa au vent de l'Arctique. Les Birdseye furent les premières personnes qui mangèrent des « crudités » en hiver, au Labrador. Ce fut le début de plusieurs années d'expériences dans leur cuisine. Quoique le couple y travaillât de concert, leur fils se remémora, plus tard, les colères régulières d'Eleanor quand elle trouvait, un peu partout dans la maison, des expériences sur la conservation des aliments. Il se souvint, en particulier, d'un combat contre un jeune brochet dans un tub de bain.

Birdseye laissa tomber le métier de trappeur et gagna Washington, D.C., où il travailla pour l'Association américaine des Pêches. Il s'intéressa à la technique de la congélation. On avait découvert, vers 1820, qu'en enveloppant le poisson dans de la glace on en prolongeait la fraîcheur. Birdseye expliqua que, en fondant, la glace redevenait de l'eau, ce qui favorise la croissance des bactéries. Après plusieurs autres années passées à encombrer d'expériences diverses les éviers et bassines de la maison, Birdseye utilisa une nouvelle technologie. Celle-ci nécessitait trois éléments : un ventilateur électrique, un bloc de glace et un seau de saumure. Birdseye reproduisit l'hiver du Labrador.

En 1925, il partit pour Gloucester pour travailler sur la conservation du poisson, et fonda la General Seafood Company. Il commença avec des espèces de fond, mais expérimenta aussi sur d'autres produits marins, puis sur la viande, les fruits et les légumes.

Une oie fit sa fortune. La fille du fondateur d'une société de fabrication de nourriture, la Postum Company, faisait du yachting au large du Massachusetts. Elle fit escale à Gloucester. On lui servit une oie qu'elle jugea merveilleusement délectable et dont, après enquête, elle s'aperçut qu'elle avait été congelée par un excentrique local, nommé Clarence Birdseye. Elle rencontra le bonhomme et en apprit davantage sur sa petite société, que son père acheta plus tard et paya vingt-deux millions de dollars. Postum rebaptisa la compagnie « General Foods », nom dérivé de celui de « General Seafood » adopté par Birdseye. Ce dernier était persuadé que ses idées allaient faire naître, dans le domaine alimentaire, une firme géante comparable à la General Motors ou à la General Electric dans leurs secteurs respectifs.

Birdseye améliora sa technique des aliments réfrigérés en 1946, grâce à la lyophilisation, et s'intéressa à maints autres domaines. Il fonda une société d'électricité et perfectionna l'ampoule lumineuse. Au Pérou, il développa une méthode pour transformer en papier les résidus de broyage de la canne à sucre. Dans sa soixante-neuvième année, il était détenteur de deux cent cinquante brevets.

La technique de congélation proposée par Birdseye tomba à un moment critique de la pêche à la morue. À l'exemple des Britanniques, les Américains réclamaient de plus en plus de poisson frais, au détriment de la conserve. Le marché de la morue salée déclinait. En 1910, la morue en conserve ne constituait plus qu'un pour cent des débarquements en Nouvelle-Angleterre. Malgré les progrès des transports, il restait difficile d'approvisionner en produits frais les marchés de l'intérieur. Dans le temps même où le marché des produits conservés périclitait, la capacité des flottes de pêche était en pleine expansion. À partir de 1928, les chalutiers à moteur diesel prouvèrent qu'ils étaient encore plus efficaces que ceux à vapeur.

La morue salée demeurait encore la principale industrie de Gloucester : la ville connut la crise économique. En 1923, le maire, William Maclnnis, rencontra le secrétaire au Commerce Herbert Hoover pour discuter de la chute du marché. Hoover organisa à New York une conférence sur les moyens de promouvoir la consommation de la morue salée aux États-Unis. Cependant, la General Foods développait la technique de réfrigération de Birdseye. La morue salée disparut de Gloucester. L'année même de la conférence de Hoover, la principale société de produits marins de la ville, la Gorton, subit un coup du sort qui la contraignit à abandonner le négoce du poisson salé. Le gouvernement italien lui avait commandé pour plus d'un million de dollars de marchandise. Mais, tandis que l'ordre d'achat traversait l'Atlantique, Benito Mussolini arrivait au pouvoir. Lorsque les bateaux de la Gorton accostèrent en Italie, leur cargaison fut confisquée — et jamais payée.

En 1921, on introduisit en Nouvelle-Angleterre la machine à découper les filets. Neuf ans plus tard, cent vingt-huit usines de débitage analogues étaient implantées dans la région. Elles cédaient leurs déchets à des usines de farine de poisson, elles aussi proliférantes. Lorsque la congélation et le découpage en filets furent associés, le « filet de poisson » devint un produit phare, notamment aux États-Unis, où on l'appela *scrod.* Ce terme existe depuis 1849 ; il semble qu'il dérive de l'allemand *schrode*, qui signifie « bande ». Lorsque le débitage en filets devint industriel, le *scrod* devint un mot de tous les jours.

Mais ce « filet de morue » était parfois fait d'églefin — de haddock. La distinction entre les espèces devint de moins en moins claire à mesure que ces poissons se répandaient dans l'arrière-pays. Au cours des siècles, partout où la morue était devenue fameuse loin de ses eaux natales, on avait eu tendance à la nommer simplement « poisson ». Le stockfish était à l'origine supposé être de la morue séchée ; après quelques siècles, le terme finit par désigner n'importe quel gadiforme séché. Dans les Indes occidentales britanniques, la morue et les autres gadiformes salés étaient tous baptisés *saltfish*, « poisson salé ». Le même phénomène advint avec le poisson congelé. Certains consommateurs, qui jusque-là n'avaient guère mangé de produits marins, n'avaient même jamais vu d'espèces d'eau salée dans leur état naturel, avant découpage. Ils achetèrent tout simplement des filets — ou des bâtonnets — « de poisson ». L'animal d'origine était rarement précisé. On supposait qu'il s'agissait de morue, quoique un nombre croissant de ces produits fussent faits d'églefin — avant le « boum » du saumon. De nos jours, lesdits bâtonnets sont fréquemment composés de lieus du Pacifique. Le « poisson », semble-t-il, c'est ce qui reste...

Les bâtonnets de poissons connurent un succès commercial prodigieux. Les filets étaient congelés en blocs, qu'on débitait à la scie et qu'on tranchait en tablettes, avant de les rediviser en bâtonnets. Une publicité de la société Gorton, datant des années 1950, présentait le bâtonnet de poisson comme « la dernière et la plus grande réussite de l'industrie alimentaire marine actuelle ». Elle continuait ainsi : « Grâce au bâtonnet, la maîtresse de maison américaine moyenne ne considère plus comme un travail ingrat de servir du poisson. Non ! Elle y voit un plaisir, car désormais sa famille tient le poisson pour l'un de ses plats favoris. Facile à préparer, économique à servir et délicieux à manger : on peut réellement dire que le bâtonnet a largement accru la demande en poisson, et même révolutionné l'industrie de la pêche. »

La congélation changea aussi les relations entre les fabriquants de produits de la mer et les ports de pêche. Le poisson réfrigéré pouvait être acheté n'importe où — là où la marchandise était la moins chère et la plus abondante. Dans un marché en expansion, les flottes locales ne pouvaient plus satisfaire les besoins des grandes sociétés. La Gorton et les autres abandonnèrent leurs bateaux de chalutage et, en fin de compte, leurs ports. Entre 1960 et 1970, la production totale de bâtonnets de poisson tripla aux États-Unis, mais la production de

Gloucester ne fit que doubler. Les affaires marchaient, mais la part de ce port déclinait.

Le développement le plus notable advint durant la Seconde Guerre mondiale, lorsque les trois innovations — moteurs puissants, chaluts traînants et congélation — furent réunies sur d'énormes navires-usines. L'un des attraits originaux des chalutiers à vapeur, avait été que, en l'absence de mâts et de gréements, de vastes superficies de pont eussent été libérées pour le traitement de la pêche. Les bateaux à moteur pouvaient aussi avoir des coques plus larges, avec davantage de place pour le stockage. À l'origine, le filet était mouillé et relevé grâce à un tangon latéral. Le chalut arrière, mis au point dans le Pacifique, améliora la stabilité du chalutier et permit de haler des charges bien supérieures. Il rendit aussi disponible un vaste espace à l'arrière du pont ouvert, où les prises pouvaient être mises au sec. Au cours de la Seconde Guerre mondiale, cette superficie supplémentaire commença d'être utilisée pour la réfrigération. Dans les années 1950 — la période dont on pense aujourd'hui qu'elle fut l'âge d'or du chalutage au long cours —, les captures de morues crûrent chaque année en mer du Nord, en Islande, en Norvège, sur les Grands Bancs, dans le golfe du Saint-Laurent et le long de la côte de la Nouvelle-Angleterre. Toutes les prises commerciales de poissons dans le monde augmentèrent.

Existait-il une limite dans ce qu'on pouvait prélever, ou bien la nature était-elle inépuisable, comme on le croyait au XIXe siècle ? Les pêcheurs commencèrent de s'inquiéter. En 1949, on créa la Commission internationale pour les Pêcheries de l'Atlantique du Nord-Ouest, afin d'étudier des moyens de limiter les prélèvements excessifs.

Mais la technologie continua de se focaliser sur un seul but : capturer toujours plus de poisson. Les navires-usines atteignirent des longueurs de cent trente mètres ou davantage, pour des capacités de quatre mille tonnes ou plus, avec des moteurs diesel de six mille chevaux, tractant des chaluts dont la gueule aurait été assez large pour avaler un jumbo-jet. Le chalutier relevait son monstrueux filet toutes les quatre heures, vingt-quatre heures par jour. La pêche en couple se répandit. Cette technique, souvent pratiquée par la flotte espagnole au large de Vigo, consistait à tendre un chalut gigantesque entre deux navires-usines. L'un des bateaux maniait le filet pendant que l'autre traitait le poisson. Une fois l'engin relevé, les vaisseaux changeaient de rôles. Ainsi, la pêche ne cessait jamais.

Sur le fond du filet, on remplaça les roulettes par des « saute-rochers », sortes de disques conçus pour « avaler » les écueils : on put venir draguer les fonds irréguliers sans endommager les chaluts. Au surplus, on imagina des « chaînes sonnantes » qui remuaient le sol, en faisant du bruit et de la poussière. Les morues et les autres poissons de fond se cachent instinctivement sur le substrat quand ils perçoivent un danger. Les « chaînes sonnantes » agissent comme les rabatteurs qui fouaillent les buissons pour lever le gibier. Elles font sortir les poissons de leurs cachettes, et les envoient directement dans la poche.

Après le passage de l'engin, le plancher de l'océan est un désert. Tout poisson qui nage dans l'aire d'action du filet est condamné. L'unique facteur contrôlable est la taille des mailles. Les animaux plus petits que les trous du chalut peuvent s'échapper. Les autorités de régulation ont fait de la fixation de la taille minimale des mailles leur outil favori. Cependant, les pêcheurs eux-mêmes font volontiers remarquer qu'une fois la poche terminale du chalut bien remplie, peu de poissons, de quelque taille que ce soit, peuvent encore fuir, et cela quelle que soit la dimension des mailles. Des millions de créatures non recherchées (espèces indésirables, poissons trop petits ou hors quotas, ou encore poissons dont le prix sur les marchés, cette semaine-là, est trop bas) finissent par-dessus bord, en général morts.

Durant des siècles, les pêcheurs durent étudier la configuration du plancher de la mer et du ciel. En Nouvelle-Écosse, ils recherchaient ce qu'ils appelaient les « cerises de fond » — sorte de gravier rouge apprécié des morues. Ils mouillaient une ligne lestée d'un morceau de suif, et la relevaient pour examiner la couleur des petits cailloux qui s'y étaient accrochés. Ou bien les pêcheurs scrutaient l'horizon pour y détecter d'éphémères nuées d'oiseaux de mer. L'air s'emplissait de cris perçants lorsque les prédateurs affamés plongeaient à travers la surface lactescente pour cueillir les petits poissons qu'ils convoitaient — harengs ou capelans — dans le chaos liquide. Les pêcheurs savaient que leurs proies à eux étaient là : gueules ouvertes, les morues affamées et les autres poissons de fond attaquaient par-dessous leurs petites victimes, les forçant à quitter leurs territoires de pleine eau. Telle est la chaîne alimentaire dans toute sa violence, ainsi qu'elle se déploie avant l'apparition du prédateur ultime, celui qui sait où tendre ses lignes ou ses filets.

Ces méthodes disparaissent. Les bancs de poissons

sont désormais localisés au sonar ou grâce à des reconnaissances aériennes — deux techniques mises au point durant la Seconde Guerre mondiale, afin de repérer les sous-marins ennemis. Une fois trouvés les poissons, le chalutier arrive et nettoie la zone, prenant non seulement l'espèce-cible, mais tout ce qui évolue dans les parages ; ce qu'on appelle la « pêche involontaire ». La publicité Gorton le soulignait déjà dans les années 1950 : « Grâce à ces méthodes, la pêche ne sera plus jamais la loterie qu'elle était il y a cinquante ans. »

VISITE EN NOUVELLE-ANGLETERRE

En 1923, Evelene Spencer, du Bureau des Pêches américain, fit le voyage entre sa ville de Portland, Oregon, et Gloucester, Massachusetts. Elle relata cette visite dans le *Portland Oregonian.* « De nos jours, cinq mille hommes de Gloucester sillonnent les océans du cap Hatteras au cercle Arctique. » Elle fut particulièrement impressionnée par la façon de cuisiner la morue salée en Nouvelle-Angleterre. « J'espère que Portland n'oubliera pas sa nourriture grossière et le chou cru. Mais l'un des domaines dans lequel nous mériterions d'être éduqués est celui de l'utilisation du poisson salé... Je n'avais pas la moindre idée du délice que cela constitue jusqu'à ce que je le goûte à Gloucester. »
Après quoi, elle offrit deux « classiques » de la morue salée de Nouvelle-Angleterre : les boulettes de poisson et la recette que voici, pour un « Dîner bouilli de Nouvelle-Angleterre » :

Dîner de morue salée bouillie avec légumes et lardons de porc

Couvrez d'eau chaude la quantité requise de morue salée et mettez à l'arrière du fourneau ; lorsque c'est chaud, videz et remplissez à nouveau le récipient d'eau froide. Changez l'eau à trois ou quatre reprises, en attendant une demi-heure à chaque fois. Vous pouvez aussi dessaler dans une grande quantité d'eau froide durant deux heures. Mettez le poisson dans une casserole avec de l'eau douce chaude et faites bouillir, puis laissez frémir. Le poisson salé bouilli a tendance à durcir. Ajoutez la quantité requise de pommes de terre épluchées et faites à nouveau frémir jusqu'à ce que les pommes de terre soient cuites. On dit, à Gloucester, que le poisson n'est jamais coriace lorsqu'il est ainsi bouilli en compagnie de pommes de terre. Préparez les betteraves, les carottes et les oignons, que vous ferez bouillir jusqu'à ce qu'ils deviennent tendres. Coupez en dés des tranches de lard de porc salé, mettez-les dans un poêlon et faites-les frire lentement, jusqu'à ce que la graisse soit extraite et les lardons croustillants.

Mettez le poisson et les pommes de terre au centre d'un plat chaud. Disposez les betteraves, les oignons et les carottes bouillis tout autour. Mettez la graisse de porc et les lardons dans une saucière chaude. Pour servir, la tradition de Gloucester consiste à couper les légumes et le poisson en petits morceaux, à les mélanger, puis à prendre une grosse cuillerée de graisse de porç et de lardons, et à la répandre sur le tout. Je préfère garder chaque ingrédient séparé, de façon à pouvoir profiter de la saveur de chacun.

Evelene Spencer,
Portland Oregonian, 1923.

9

L'Islande découvre l'univers fini

« Les villes laissent place à des champs de lave plats, brun rouille, avec des cabanes éparpillées entourées de clôtures de fil, du poisson qui sèche sur des cordes à linge et quelques poules blanches. En descendant plus bas vers la côte, la lave se ponctue de ce qui ressemble à d'énormes paniers à linge ; ce sont, en réalité, des amas compacts de poisson au séchage, couverts de toiles goudronnées. »

W.H. Auden et Louis MacNeice,
Lettres d'Islande, 1967.

Une décennie à peine après avoir à nouveau assuré aux Canadiens et au monde que les eaux voisines de la Grande-Bretagne « ne présentaient aucun signe d'épuisement », et que même ce dernier était « scientifiquement impossible », les Britanniques découvrirent que les réserves de morues de la mer du Nord étaient bel et bien vides. En 1902, sept ans après la mort d'Huxley, le gouvernement britannique commença enfin à concéder qu'il existait bien quelque chose comme une surpêche. Les superbes chalutiers anglais à coque d'acier s'étaient déjà déplacés de la mer du Nord vers l'Islande. Ils trouvèrent, là-bas, des pêcheurs locaux qui travaillaient comme au temps où la Ligue hanséatique chassait les Britanniques de ces parages. Les Islandais avaient conservé leurs traditions. Ils parlaient — et continuent d'employer — la même langue que les Vikings. Ils n'avaient toujours pas de nom de famille. De même que le fils d'Erik le Rouge, Leifur, devint fameux en tant que Leif Eriksson, lorsqu'un Islandais moderne nommé Harold a un fils qu'il baptise Johann, ce dernier s'appelle Johann Haroldsson. Son fils à lui aura pour dernier nom « Johannsson » ; si c'est une fille, on dira « Johanndottir ».

L'Islande est une île incrustée de lave, bordée de ports superbes, profonds, abrités dans les recoins de longs fjords. Les bases de pêche ne sont pas forcément des havres, mais parfois de simples points de côte ouverts sur le large. Jusqu'aux premières décennies du XXe siècle, le principal bateau de pêche islandais était la barque à rames non pontée. Un port situé au fond d'un fjord bien protégé eût nécessité des heures d'aviron supplémentaires pour gagner les lieux de pêche. Les hommes préféraient choisir une base à terre proche du site de travail. Ils halaient leurs barques sur la lave en s'aidant de rouleaux faits de côtes de baleines. Chaque bateau pouvait avoir jusqu'à douze rames, mais plus souvent quatre ou six. Un homme par aviron. Le canot était en outre fréquemment gréé d'une voile unique. La rame était jugée plus efficace que le vent parce que, autour des fjords, la brise est erratique. Chaque rameur manœuvrait une ligne à main.

Cependant, l'Islande demeurait avant tout une nation de pêche. Lorsqu'on l'interroge sur les raisons pour lesquelles les techniques y étaient si peu modernes, Jon Thor, historien de l'Institut islandais de Recherches marines répond : « Après 1500, les nouvelles idées n'arrivèrent que très lentement. » Jusqu'en 1389, l'Islande avait incarné une société vibrante de littérature, d'exploration et de création de nouveaux concepts politiques. Mais, cette année-là, le mont Hekla entra en éruption, secouant l'île entière et la couvrant de longues nuées opaques, suivies d'un hiver brutal et froid, qui s'épancha en inondations au printemps suivant. Puis il y eut des épidémies. Plus tard, en 1397, l'île passa de la loi de la Norvège à celle du Danemark. Les Danois exercèrent leur autorité avec indifférence, instituant un monopole de négoce avec l'Islande mais n'entretenant à peu près aucun commerce avec elle. En 1532, lorsque les Britanniques en furent chassés, l'île perdit son dernier contact avec le monde extérieur.

Même si le poisson continua d'être la principale exportation islandaise jusque dans la seconde moitié du XIXe siècle, les quantités négociées restèrent faibles. À la fin du XVIIIe siècle, tandis que la Nouvelle-Angleterre et Terre-Neuve exportaient chacune vingt-deux mille tonnes de morue par an, l'Islande en était à moins de mille. La plupart des Islandais étaient fermiers, mais beaucoup d'entre eux, surtout dans le sud et l'ouest, gagnaient davantage grâce à la pêche, entre février et avril, que grâce à l'agriculture pendant le reste de l'année. Aucun arbre ne croît sur l'île, à l'exception de quelques espèces d'ornement acclimatées par les jardiniers de Reykjavik. Aussi ne pousse-t-il aucun fruit, pas plus que

L'Islande découvre l'univers fini

Pendant des siècles, les bateaux de pêche et leurs équipements changèrent peu en Islande. Ci-dessus : Détail d'un manuscrit enluminé de la fin du XVIe siècle, l'un des *Livres des Lois* qui codifièrent les règlements de la pêche, sujet dont traite cette page. (Institut Arni Magnusson, Reykjavik, Islande.) Ci-dessous : Photographie prise aux environs de 1910 à Isafjördhur, communauté de pêche de la côte ouest de l'Islande. (Akranes Museum, Akranes, Islande.)

des céréales. Au xve siècle, les Anglais échangeaient avec les Islandais du grain contre du poisson. Sur l'île, le poisson séché tenait lieu de pain. On en déchirait des lambeaux qu'on tartinait de beurre. Entre 1500 et 1800, on donnait à chaque écolier islandais un demi-stockfish par jour. Les îliens n'apprécièrent jamais vraiment le poisson frais, ni la morue salée. Mais, en 1855, quand les Danois acceptèrent de lever leur interdiction du commerce extérieur, les Islandais commencèrent à apprendre à saler la morue, et gagnèrent une place sur les marchés de qualité d'Espagne et du Portugal.

Grindavik est le nom d'une bande de terre ouverte sur la mer, choisie en 910 pour devenir une station de pêche en raison de sa proximité des bancs. En 1934, lorsque Tomas Thorvaldsson prit pour la première fois la mer, les pêcheurs devaient encore consacrer vingt minutes chaque matin à tirer leurs bateaux sur la lave jusque dans les vagues. Le soir, il fallait une heure pour les remonter. Les habitants de Grindavik venaient, au crépuscule, attendre les hommes sur la plage de lave noire. Des femmes se rappellent encore avoir vu l'un des canots chavirer, et être avalé par une lame monstrueuse.

Les Islandais de la génération de Tomas grandirent avec fort peu d'argent à consacrer aux produits d'importation. Ils consommaient ce que le pays produisait, c'est-à-dire surtout chaque fragment imaginable de la morue et de l'agneau. Ils faisaient rôtir la peau et conservaient les os des poissons jusqu'à ce qu'ils fussent assez décomposés pour devenir mangeables. Ils rôtissaient aussi les têtes de moutons, dont ils prisaient les globes oculaires. Une autre de leurs spécialités était le *hakarl*, la chair de l'énorme requin du Groenland, qu'ils chassaient pour son huile de foie d'une grande valeur commerciale. Cette chair contient de l'acide cyanique, un poison mortel. On la rendait comestible en l'enterrant dans le sol pendant des semaines, jusqu'à ce qu'elle commence de pourrir.

Les étrangers n'avaient jamais complètement quitté les eaux de l'Islande. En 1768, à son apogée, la flotte hollandaise envoyait cent soixante bateaux pêcher près de l'île. Après avoir perdu leurs possessions américaines en 1763, les Français commencèrent de travailler intensément dans les eaux islandaises. Ils continuèrent jusqu'à la Première Guerre mondiale. Les vaisseaux de pêche étrangers fournissaient aux Islandais des contacts rares, mais bienvenus, avec le monde extérieur. Cependant, lorsque les Britanniques revinrent, dans les années 1890, ce fut le début d'une dispute de quatre-vingts ans.

Les débats ne portèrent pas vraiment sur ce qui aurait dû paraître le plus inquiétant — le fait que les nouveaux grands chalutiers à vapeur et à coque d'acier arrivaient en Islande parce qu'ils étaient tellement efficaces qu'ils avaient épuisé en une décennie les réserves de la mer du Nord. La surpêche n'était pas encore tenue pour une vraie question. Le problème fut que les meilleurs fonds pour la morue, sur la côte sud de l'Islande, étaient localisés sur un plateau continental étroit, qui s'étend sur quelques milles à peine au large du rivage. Cette courte distance avait rendu possible la pêche en barque à rames. Or, les nouveaux navires britanniques — énormes, puissants et faits d'acier — venaient en foule sur ce banc resserré, endommageant les filets et les lignes des pêcheurs locaux.

L'opinion des Islandais se divisa. Certains prétendi-

Le *Hannes Radherra*, chalutier islandais des années 1930. Les chalutiers islandais figuraient sur des images insérées dans des paquets de cigarettes vendus en Islande. Les cigarettes, comme les chalutiers, étaient *made in England*.

rent expulser les étrangers. D'autres pensèrent que l'Islande devrait acquérir quelques-uns de ces bateaux géants, afin de moissonner elle-même les richesses de ses eaux. La seconde opinion l'emporta. C'est, en général, ce qui advient. À travers les siècles, chaque fois que de modestes pêcheurs côtiers furent confrontés à de puissantes et efficaces flottes étrangères, le gouvernement local choisit de subventionner une flotte locale compétitive.

Les premiers chalutiers achetés par les Islandais — de construction britannique — furent livrés en 1905. En 1915, l'île possédait déjà une flotte de vingt de ces bateaux d'acier, bâtis pour la plupart en Grande-Bretagne — les uns neufs, les autres d'occasion.

À Grindavik, la pêche continuait de la même façon

que depuis des siècles. Cette bourgade n'avait aucun port. Parce qu'on ne saurait haler un gros navire sur la plage avec des rondins en os de baleines, la nouveauté constituée par le chalutier ne signifiait rien pour la cité ; pas plus que pour maintes autres localités semblables. Mais Tomas Thorvaldsson et ses amis eurent une idée qui provoqua le plus grand bouleversement de la ville depuis mille ans. Il existait, à proximité, un bassin, séparé de la mer à marée basse par une étroite bande de terre. Tomas et ses compagnons pêcheurs s'armèrent de pelles et se mirent à creuser l'isthme. Ils travaillèrent jour après jour à marée basse, charriant le gravier de lave à la brouette, jusqu'à ce qu'ils eussent créé un port. Tomas acheta son premier bateau ponté, un petit chalutier à chalut latéral, bas sur l'eau et propulsé à la vapeur. Puis il en acquit un plus gros et devint un homme d'affaires.

Les chalutiers firent plus qu'augmenter la capacité de pêche de l'Islande. Ils provoquèrent un changement radical dans cette société préindustrielle de soixante-dix-huit mille sujets, dont la plupart étaient jusqu'alors des paysans qui gagnaient à peine de quoi survivre. Ceux qui acquirent des chalutiers devinrent les premiers capitalistes du pays. La morue créa, en Islande, une classe d'entrepreneurs, de la même façon qu'elle l'avait fait en Nouvelle-Angleterre dans les années 1640. Reykjavik, la plus grande cité de l'île, avait à peine un peu plus de deux mille habitants quand les chalutiers britanniques arrivèrent. Elle grandit rapidement et se peupla d'une nouvelle catégorie de citoyens — d'anciens fermiers formant une classe ouvrière.

Le réveil de la vie intellectuelle compta parmi les conséquences de l'expansion de l'économie islandaise. La littérature, fière tradition de l'île jusqu'à la mainmise danoise, devint de nouveau une force créatrice. Les sciences firent de grands progrès dans les années 1920. Les biologistes du pays comprirent, notamment, que les populations de morues avaient une capacité de reproduction limitée.

Puis les chalutiers britanniques repartirent. Comme au temps de la voile, les gouvernements considéraient leurs pêcheurs comme une réserve de marins en bonne condition, entretenus de façon peu coûteuse par leur profession même. Les États tinrent, de même, les bateaux de pêche pour une flotte annexe de vaisseaux aisément convertibles en unités de guerre. Les chalutiers étaient rapides, conçus pour le mauvais temps — et le remorquage. Ils pouvaient devenir d'excellents dragueurs de mines. Ou bien encore, avec des batteries de canons montés de l'avant à l'arrière, se transformer en patrouilleurs. Lorsque la guerre éclata, en 1914, l'Amirauté britannique réquisitionna la plupart des chalutiers du pays longs de plus de cent dix pieds, et âgés de moins de dix ans.

En un temps où bien peu était fait pour estimer les stocks de poissons disponibles, le ministère anglais de l'Agriculture entreprit une étude sur les chalutiers britanniques de Hull et de Grimsby, qui avaient travaillé sur le plateau islandais. Cette étude démontra qu'un seul navire en Islande rapportait plus de poissons que trois sur les bancs de la mer du Nord. Aujourd'hui, les historiens pensent que, sans le répit des quatre années dû à la Première Guerre mondiale, les réserves islandaises eussent été très vite réduites à l'état de celles de la mer du Nord. Les pêcheurs islandais virent leurs prises augmenter en 1917 et 1918, puis recommencer à décliner ensuite, avec le retour des Anglais.

Après la guerre, les pêcheurs britanniques ne récupérèrent pas tous leurs chalutiers, malgré les promesses de l'Amirauté. Beaucoup de ces navires avaient été détruits ou endommagés. Cependant, les unités manquantes furent vite remplacées par d'autres, plus grandes, plus rapides et mieux équipées. Des capacités de débarquement augmentées et de meilleures connexions ferroviaires firent d'Aberdeen, de Fleetwood, de Hull et de Grimsby les grands ports de la flotte britannique vers l'Islande, chargés d'approvisionner les industries de transformation des produits de la mer — lesquelles, comme en Nouvelle-Angleterre, se transformèrent en firmes puissantes. Cependant, à mesure que les vaisseaux devenaient plus volumineux et mieux équipés, la pêche requérait de plus gros investissements en capital. En 1937, chaque chalutier britannique possédait une radio sans fil, l'électricité et un échomètre — l'ancêtre du sonar. Si l'activité de pêche avait, dans les siècles antérieurs, nécessité le même type de capital qu'au XXe siècle, elle n'eût jamais bâti, en Nouvelle-Angleterre, une nation d'entrepreneurs *self made* ni une classe moyenne.

En Grande-Bretagne, depuis la Révolution industrielle, on voyait se développer un marché sans cesse croissant pour les poissons de fond — surtout la morue, l'églefin et le carrelet. Le poisson frit — plus tard, le fameux *fish and chips* (« poisson-frites ») — était devenu le plat favori des classes laborieuses urbaines. L'Islande et la Grande-Bretagne exploitèrent ensemble les eaux islandaises pour alimenter la demande. De surcroît, dans les années 1920, la flotte allemande fit sentir son énorme présence sur ces mêmes fonds.

Les pêcheurs côtiers, qui composaient un secteur essentiel de l'économie islandaise, se mirent à protester : les chalutiers détruisaient leur matériel et les bancs eux-mêmes. Un sentiment s'intensifia et se répandit : il faudrait reculer les limites territoriales. Cependant, la Convention anglo-danoise de 1901 stipulait que les eaux islandaises, jusqu'à trois milles de la côte, étaient ouvertes à tout le monde. L'Islande était une colonie et n'avait pas le pouvoir de changer ce texte. À la place, elle se dota d'un service de garde-côtes de belle taille et bien entraîné, et travailla en association étroite avec le Conseil international pour l'Exploration des Mers (C.I.E.M.), à la compétence reconnue en matière de populations de poissons. Il s'agissait d'essayer de mieux évaluer l'importance des réserves de morues. À la fin des années 1920, les garde-côtes islandais arraisonnaient de plus en plus souvent les chalutiers allemands ou britanniques surpris en flagrant délit sur les petits fonds.

Les Britanniques répliquèrent en utilisant l'arme nouvelle de la radio : chaque chalutier alertait ses confrères sur les activités des garde-côtes. Les prétendus « messages grand-mère » de 1928 sont restés fameux. Trois phrases (« Grand-mère va bien ! » « Grand-mère continue d'aller bien ! » et « Grand-mère commence à se sentir mal ! ») servaient à prévenir qu'un bateau des garde-côtes quittait le port. En 1936, ce genre d'annonces radio codées fut interdit dans les eaux islandaises. Mais les « messages grand-mère » n'en continuèrent pas moins de voyager. Les codes étaient conçus par les sociétés de produits marins britanniques.

La Seconde Guerre mondiale entraîna la fin des « annonces grand-mère » et un sursis pour les réserves déclinantes de morues. De nouveau, les chalutiers hauturiers britanniques furent réquisitionnés pour combattre. Après que les Allemands eurent occupé le Danemark, les Alliés s'emparèrent de l'Islande, de façon à s'assurer que celle-ci ne tombât pas également. La Grande-Bretagne n'avait plus de flotte de pêche : l'Islande fournit les marchés — non seulement britanniques, mais mondiaux. Pendant six ans, l'île devint le seul pays de pêche important d'Europe du Nord.

Les Britanniques réclamaient avec force, outre de la nourriture, de l'huile de foie de morue. À travers l'Histoire, ils avaient toujours été d'enthousiastes consommateurs de ce produit. Pendant des siècles, avant qu'il ne fût raffiné pour être consommé, le résidu noirâtre des foies entassés dans les tonneaux était employé comme un baume (il l'est toujours en Afrique de l'Ouest). Vers 1780, les médecins britanniques affirmèrent que l'huile de foie de morue était un remède contre les rhumatismes, puis une panacée contre les douleurs et les maux en tous genres. Durant le XIXe siècle, on utilisa le produit pour guérir la tuberculose, la malnutrition et d'autres maladies liées à la pauvreté. Au XXe siècle, entre deux guerres, l'huile de foie de morue était devenue un *business* essentiel à Hull. On l'employait tant pour le bétail que pour les humains. Durant la Seconde Guerre mondiale, le ministère britannique de l'Alimentation, inquiet des effets des restrictions de nourriture sur la santé, mit gratuitement de l'huile de foie de morue à la disposition des femmes enceintes et des femmes allaitantes, des enfants de moins de cinq ans et des adultes de plus de quarante.

Dans les écoles, les infirmières administraient de force aux enfants des cuillerées de ce liquide au goût infect, tandis qu'on le donnait plutôt aux adultes avec du jus d'orange. Toute cette huile venait d'Islande. Elle engendra, pour l'île, un marché secondaire qui continua de prospérer après la guerre. Le gouvernement britannique, persuadé que l'huile de foie de morue avait produit les enfants les plus sains qu'on eût jamais vus en Angleterre, en dépit des bombardements et du rationnement, prorogea le programme jusqu'en 1971. On n'y mit fin que parce que les Britanniques refusèrent de continuer d'avaler cet amer breuvage. Les Islandais continuent d'en prendre, ainsi que beaucoup d'Américains.

Durant la guerre, le prix des poissons atteignit des records. Il était réglé en dollars aux Islandais, ce qui incita ces derniers à faire des affaires avec les troupes des États-Unis basées sur l'île. Les Islandais bâtirent les logements des Américains et commencèrent d'importer de grandes quantités de marchandises aux États-Unis.

Lorsque la guerre s'acheva, l'Islande était un pays transformé. La mutation la moins importante ne fut pas la négociation, en 1944, de la complète indépendance de l'île vis-à-vis du Danemark. Le pays pouvait désormais traiter librement avec le reste du monde. À cause de la morue, il était passé, en une génération, d'une société de type colonial du XVe siècle, à une nation moderne d'après-guerre. W.H. Auden, qui y avait vécu longtemps dans les années 1930, y revint en 1964. Il fut abasourdi par la métamorphose. Il se précipita devant un de ses anciens guides, désormais maître d'école, et lui demanda ce qu'avait été l'existence des Islandais durant les hostilités. « Nous avons gagné de l'argent ! » répondit l'instituteur.

UN NOUVEL AN AU DANEMARK

Les Danois commandent une morue fraîche entière des semaines à l'avance, afin d'être sûrs d'en avoir une pour le réveillon du nouvel an. Angoissée par l'hiver scandinave, Ann Bierlich, réalisatrice de films à Copenhague, écrivit que la « morue fraîche sauce moutarde », plat traditionnel du nouvel an, « constitue la seule bonne chose du pays ». Elle avait une conception assez particulière de la façon de cuisiner ce plat. La moutarde à poisson, forte et riche en graines, est préparée fraîche et vendue sur les marchés danois.

MORUE FRAÎCHE SAUCE MOUTARDE

Prévoyez un demi-kilogramme par personne et coupez la morue en tranches d'environ trois centimètres d'épaisseur. Prenez la plus grande casserole dont vous disposez. Mettez-y assez d'eau pour couvrir le poisson. Utilisez beaucoup de sel — une bonne poignée de gros sel —, afin de saler autant que vous supposez que l'est la mer du Nord. Jetez les morceaux de morue dans l'eau froide, mettez le récipient à feu doux et chauffez non pas jusqu'à ce que l'eau soit bouillante, mais qu'elle frémisse. Laissez ainsi plusieurs minutes le poisson dans le liquide frémissant. Ne cuisez pas à mort ! La morue doit rester ferme et blanche.
Sauce moutarde. Faites fondre deux cuillerées à soupe de beurre, ajoutez-y deux cuillerées à soupe de farine, puis un litre de lait. La sauce doit être épaisse. Enfin,

ajoutez-y une généreuse quantité de moutarde à poisson ! (Une petite giclée de vinaigre de fenouil donnera une touche insolite.)
On consomme ce plat avec de petites pommes de terre longues, des tranches d'œufs durs, des tranches de betteraves rouges cuites et du raifort frais. Que boire avec ? De la bière glacée et du schnaps, bien sûr !

Ann Bierlich, Copenhague, 1996.

10

Trois guerres pour fermer la mer ouverte

« La morue salée, c'est la vie. »

Halldor Laxness, Reykjavik, vers 1930.

Lorsque s'acheva la Seconde Guerre mondiale, après six années de pêche modérée, les réserves de morues de l'Atlantique Nord européen atteignaient un niveau qu'on ne devait plus jamais revoir. On réalisait des prises faramineuses sur le plateau islandais, sur les bancs de la mer du Nord, en mer de Barents, dans la Manche ou en mer d'Irlande, tandis qu'on fréquentait désormais les eaux de la totalité du pourtour de l'Islande. Comme aux bons vieux jours des bancs de l'Amérique du Nord, les énormes morues étaient communes. Mais les principaux pays pêcheurs revinrent avec des chalutiers encore plus gros, plus rapides, plus efficaces.

En 1944, la création du nouvel État indépendant d'Islande rendit caduque la Convention anglo-danoise de

Carte postale, 1910-1915, imprimée en Islande pour les pêcheurs français, qui l'adressaient à leurs familles.

1901 et sa spécification d'une limite de trois milles au large des côtes. Après cinq siècles et demi d'administration coloniale indifférente, les Islandais s'employèrent à bâtir une société moderne, basée sur la gestion de leur seule ressource naturelle : les bancs de morues. En 1955, lorsque l'écrivain Halldor Laxness remporta le prix Nobel de littérature, la rude existence des Islandais d'avant-guerre qu'il décrivait dans ses romans n'était déjà plus qu'un souvenir estompé dans les mémoires. Une avancée majeure dans l'édification de cette nation se produisit en avril 1950. Après que se fut écoulé le délai requis de deux ans, les Islandais annulèrent l'ancien traité et étendirent leurs eaux territoriales à quatre milles de leur rivage. La revendication peut sembler modeste au regard des normes actuelles : en 1950, ce fut un coup d'éclat. Le principe était alors largement admis, par le droit international, que la mer appartenait à tout le monde.

La limite des trois milles avait été instituée en 1822,

lors de la Convention sur la Pêche en mer du Nord, signée à La Haye par la France, l'Allemagne, les Pays-Bas, le Danemark et la Grande-Bretagne. Ironiquement, les Britanniques furent les grands avocats de la zone des trois milles, mais ils la défendirent en usant de tactiques proches de celles qu'ils qualifiaient de « harcèlement illégal » quand les Islandais les employaient contre eux. Lorsque, en 1866, expira le traité anglo-américain qui donnait aux États-Unis l'accès aux eaux canadiennes, les Américains durent déjà acquitter un droit de pêche pour travailler dans la zone des trois milles. Mais, dans les années 1930, le principe d'une limite quelconque était encore réprouvé par la plupart des nations occidentales.

En 1945, parce que les États-Unis désiraient protéger leur production de pétrole *offshore*, un concept naquit dans le droit international. Le président Harry Truman publia une proclamation selon laquelle les États-Unis détenaient les droits inaliénables sur les ressources minérales de leur plateau continental. Personne, jusqu'alors, n'avait jamais prétendu posséder un plateau continental. Les Grands Bancs n'appartenaient ni aux États-Unis, ni au Canada. L'Angleterre ne s'appropriait pas davantage son plateau continental. Personne ne revendiquait la mer du Nord. Or, la morue et les autres poissons commerciaux hantent essentiellement le plateau continental. Les implications de la nouvelle idée pour la pêche furent énormes. Le même jour, Truman publia une autre proclamation : « Vu la nécessité pressante de conserver et de préserver les ressources de la pêche, le gouvernement des États-Unis considère comme approprié d'établir des aires de protection dans les zones de haute mer contiguës aux côtes. » Cette mesure était une réponse anticipée à un conflit qui opposait l'Amérique au Japon, dont les pêcheurs capturaient les saumons d'Alaska en pleine mer, avant que ceux-ci ne remontent les rivières où ils fraient.

La proclamation de Truman eut une immédiate résonance dans l'Amérique latine nationaliste de l'après-guerre, où de nombreux pays se mirent à revendiquer leur plateau continental. Les Européens — en particulier les Britanniques — protestèrent avec énergie, mais leurs arguments étaient affaiblis par le poids de leurs propres possessions en Amérique. Tout en se dressant contre le principe, les Britanniques revendiquaient une partie du plateau des Bahamas. Dans les années 1950, l'Islande reçut pour sa zone de quatre milles un certain renfort international, surtout parce que l'essentiel des pêcheries mondiales s'effectuait de plus en plus loin des côtes.

Pour cette raison même, nombre d'Islandais pensèrent que la nouvelle législation était trop modeste. Après 1954, les prises de morues en Islande commencèrent de s'effondrer de façon inquiétante. Ce fut vrai, aussi, du saumon, en train de prendre une importance décisive sur le plan commercial. Au total, en Islande, les captures de poissons de fond diminuèrent de seize pour cent entre 1954 et 1957. L'argument selon lequel il faudrait repousser plus loin la limite territoriale fut appuyé par le fait que les captures d'églefins et de carrelets, qui nagent plus près du rivage et se trouvaient donc mieux protégés par la zone des quatre milles, avaient augmenté durant ces mêmes années. En 1958, l'Islande étendit sa limite territoriale à douze milles.

Tandis que les Islandais se réjouissaient, le gouvernement britannique envoyait une lettre de protestation officielle, qui déclarait : « Les revendications en vue d'exercer une juridiction exclusive sur les aires de pêche situées en dehors de la limite normale des eaux territoriales, ne sont absolument pas garanties par le droit international. » La déclaration se poursuivait ainsi : « Le gouvernement de Sa Majesté se refuse à croire que le gouvernement islandais pourrait user de la force contre les bateaux de pêche britanniques, en vue de faire respecter ce décret unilatéral qu'une fraction de la coalition gouvernementale prétend adopter sans tenir compte du droit international. » Une fois de plus, les Britanniques sous-estimèrent l'ardeur d'un peuple qui embrassait une cause nationale.

Ainsi débuta ce que la presse britannique baptisa « la guerre de la Morue ». En vérité, il y en eut trois — même s'il n'y eut jamais de déclaration d'hostilités, et si l'on ne déplora pas un seul mort. L'absence d'accidents ne peut être attribuée qu'à une bonne dose de chance de part et d'autre.

La France, le Danemark, l'Allemagne, les Pays-Bas et l'Espagne soutinrent la position britannique. On fut plus près qu'on ne l'avait jamais été d'un front unique en Europe de l'Ouest. Aux yeux des pays coalisés, les Islandais « harcelaient » en dehors de leur limite territoriale des bateaux qui pêchaient de plein droit dans la mer. À la date limite du retrait des douze milles, fixée le 30 août 1958 par Reykjavik, tous les vaisseaux étrangers, mais pas les chalutiers britanniques, quittèrent la bande interdite. Les Anglais se firent escorter par des navires de guerre. Les garde-côtes islandais ne localisèrent pas moins de trente-sept vaisseaux de la Royal Navy, servis par sept mille hommes. Selon les archives de l'Amirauté, cette force était en vérité encore supérieure.

Les destroyers et les frégates, commandés par des

vétérans de la Seconde Guerre mondiale, étaient capables de filer à des vitesses de trente nœuds. Les garde-côtes islandais disposaient de sept bateaux, dont les plus grands et les plus modernes pouvaient atteindre dix-sept nœuds. Ces unités avaient chacune un petit canon. Leurs marins étaient soit policiers, soit civils — mais ignorants du combat. En revanche, ces hommes incarnaient l'expérience de la mer. Ils connaissaient intimement les eaux locales. Durant les deux ans et demi que dura la première guerre de la Morue, les garde-côtes islandais réussirent à arraisonner un seul chalutier britannique de Grimsby, qui s'était aventuré dans la zone des quatre milles où la Royal Navy ne pouvait plus patrouiller. Mais, à cause de la nervosité qui accompagnait les manœuvres, les prises de poissons anglaises eurent tendance à devenir bien maigres. La Navy avait divisé en rectangles de trente mille de longueur les aires où elle exerçait sa protection sur les chalutiers ; une excellente idée pour un militaire, mais un casse-tête pour un pêcheur !

En se fiant aux rapports de ses ambassadeurs, le gouvernement britannique se persuada que les Islandais n'étaient pas d'accord entre eux sur les conséquences de l'extension de leur zone de pêche. À Reykjavik, les partis d'opposition avaient, certes, proclamé leur désaccord, mais essentiellement sur les délais de mise en application du texte. Lorsque les Britanniques comprirent leur erreur, ils commencèrent de négocier — à Reykjavik, Londres et Paris. Après cinq mois, en février 1961, ils reconnurent finalement la limite des douze milles. Sur quoi, les Islandais déclarèrent leur intention d'en examiner l'extension future... Le gouvernement islandais fut presque renversé pour avoir accepté d'accorder aux Britanniques une période d'ajustement de trois ans.

Une décennie plus tard, les deux pays répétèrent le même exercice. En mars 1971, l'Islande déclara qu'à la date butoir du 1er septembre 1972, elle étendrait sa limite de pêche à cinquante milles. Britanniques et Allemands de l'Ouest, désormais partenaires au sein de la Communauté économique européenne, élevèrent des protestations véhémentes et saisirent la Cour internationale de justice sur ce qu'ils appelèrent « une violation du droit international ». L'Islande répliqua qu'elle ne reconnaissait pas la compétence de cette juridiction, parce que le différend portait sur son plateau continental, lequel ne constituait justement pas une question internationale. Avant que la Cour internationale ne rende sa décision, la seconde guerre de la Morue avait éclaté et s'était installée.

Ce deuxième conflit fut plus court et plus dangereux que le premier. D'un côté, les garde-côtes islandais étaient mieux préparés, et dotés de bateaux plus rapides. De l'autre, la Royal Navy était assistée par les Allemands de l'Ouest, qui n'étaient pas autorisés à mener des actions militaires, mais fournirent des vaisseaux « de ravitaillement et de protection ». Lors de la première guerre de la Morue, la seule façon, pour les garde-côtes, d'arrêter un chalutier britannique était d'ouvrir le feu dans sa direction. Les Islandais, non seulement étaient mal armés ; mais (comme l'avaient subodoré les Anglais), ils répugnaient à l'idée de tirer et de tuer des marins britanniques. Or, dès 1958, les ingénieurs islandais avaient développé secrètement une arme pour la guerre de la Morue. Les années suivantes, ils en avaient équipé les sept vaisseaux garde-côtes. Lorsque les négociations de la première guerre débutèrent, ils décidèrent de ne pas employer cette invention stratégique, et se débrouillèrent pour la garder sous le manteau. Ils la cachèrent pendant encore dix ans, jusqu'à la seconde guerre.

Au cours de celle-ci, le garde-côte approchait le chalutier étranger pour informer son capitaine qu'il violait la loi islandaise et qu'il était prié de quitter la zone des cinquante milles. Si le capitaine refusait, le garde-côte manœuvrait. Selon un angle précis par rapport au chalutier, il croisait son sillage par l'arrière et déployait cette fameuse « arme secrète » : un coupeur de câble de chalut. Cette nouveauté guerrière appliquait à la pêche la vieille technique du dragage de mines. L'une des quatre fourches du système enserrait le câble et le tranchait net, entraînant la perte d'un filet d'une valeur de cinq mille dollars, et de tout ce qui s'y trouvait éventuellement. Un chalutier sans chalut n'a plus qu'à rentrer chez lui. Au cours de ce conflit d'un an, quatre-vingt-quatre chalutiers — soixante-neuf britanniques et quinze allemands — furent ainsi amputés de leur instrument de travail. Pour se protéger, les chalutiers se mirent à pêcher par paires — l'un des bateaux chalutant tandis que l'autre surveillait son arrière. Mais le fait qu'un bateau sur deux travaillât signifiait aussi que la flotte de pêche vit sa capacité réduite de moitié. Sans compter que de nombreux chalutiers entrèrent en collision parce qu'ils se suivaient de trop près dans des mers difficiles. Dans ces parages, des grains avec des vents de soixante nœuds ne sont pas rares.

Après qu'eut été démontrée l'efficacité du coupeur de câbles de chaluts, la seconde guerre de la Morue dégénéra en parties d'autos tamponneuses marines. Les chalutiers tentèrent, en les éperonnant, d'empêcher les garde-côtes de trancher leurs filets. Mais ceux-ci pouvaient aussi aborder leurs adversaires : leurs coques renforcées, conçues pour briser les glaces, les rendaient efficaces en ce domaine. Les Britanniques répugnèrent à faire donner de nouveau la Royal Navy, car l'Islande et la Grande-Bretagne étaient désormais alliées au sein de l'O.T.A.N. À la place, ils expédièrent quatre gros remorqueurs rapides qui, selon les Islandais, devaient servir à éperonner les garde-côtes. Selon les Britanniques, ces unités avaient ordre non pas d'aborder l'adversaire, mais de se positionner de telle sorte que les garde-côtes ne pussent couper les câbles des filets. Quelles qu'aient été leurs intentions, il est avéré que ces remorqueurs éperonnèrent bel et bien plusieurs bateaux islandais. À l'inverse, le 18 mars 1973, un canonnier islandais tira cinq obus offensifs dans l'étrave d'un remorqueur britannique. Le 26 mai, un autre obus islandais ouvrit un trou dans la coque d'un chalutier anglais. La flotte de pêche britannique se replia au-delà des cinquante milles fatidiques et refusa de revenir à l'intérieur de la zone tant que la Royal Navy ne la protégerait pas. Sept frégates de guerre britanniques entrèrent en action et, de nouveau, demandèrent aux chalutiers de travailler en escadre. Lorsqu'un garde-côte tentait de perturber la formation, les frégates, les remorqueurs et les chalutiers s'unissaient pour l'éperonner et le couler. Cela aboutit à de nombreuses collisions en haute mer. Miraculeusement, il n'y eut aucune perte — ni de vie humaine, ni de bateau. Après les abordages, les bateaux blessés regagnaient comme ils pouvaient leur port d'attache.

Le gouvernement islandais fit preuve d'une dureté choquante. Il refusa d'autoriser les marins britanniques blessés ou malades à débarquer sur son territoire, sauf s'ils y arrivaient sur leur propre navire — ce qui signifiait la capitulation de ladite unité. Il interdit le survol de son territoire par les avions anglais de l'O.T.A.N., et menaça même de rompre ses relations diplomatiques avec Londres. À la différence de celle de la Grande-Bretagne, l'économie de l'Islande dépendait entièrement de la pêche. Celle-ci avait été le miracle qui avait sorti le peuple de l'île du Moyen Âge jusqu'au siècle de l'abondance. En dépit d'une histoire au cours de laquelle les deux nations avaient entretenu des relations cordiales et d'étroites alliances, les Islandais n'étaient pas prêts à céder aux Anglais leur unique ressource. L'O.T.A.N., préoccupée par ce conflit qui survenait en pleine guerre froide, commença de faire pression sur les Britanniques pour qu'ils cèdent. À la fin, ces derniers reconnurent la zone des cinquante milles en échange de quelques arrangements pour leurs plus petits chalutiers.

L'un des changements majeurs, dans le monde de l'après-guerre, fut que les petites nations se firent entendre comme jamais elles n'avaient pu y parvenir dans les instances internationales, notamment aux Nations unies. L'idée d'étendre à la mer la souveraineté des États commença à prendre. En 1973, lors d'une réunion du Comité des Nations unies sur les fonds marins, trente-quatre nations, surtout d'Amérique latine, d'Afrique et d'Asie, adoptèrent le concept d'une zone d'intérêt économique de deux cents milles marins au large de leurs côtes. Les deux seules nations d'Europe du Nord qui suivirent furent l'Islande et la Norvège — toutes deux devenues *leaders* du marché de la morue.

En 1974, malgré l'institution de la limite des cinquante milles, les réserves de morues des eaux islandaises semblèrent à nouveau affectées. Le pourcentage de gros poissons dans les prises déclinait de façon inquiétante. Les biologistes islandais firent observer que, dix ans plus tôt, les morues âgées de dix-huit ans étaient communes, alors que, en 1974, il était devenu rare d'en rencontrer de plus de douze. Cela signifiait que la capacité de reproduction de l'espèce était gravement compromise. Même les scientifiques britanniques tombèrent d'accord sur la réalité de ces découvertes.

Une fois de plus, le 15 octobre 1975, arguant de la diminution des stocks et de la nécessité d'instituer des mesures de protection pour les morues, l'Islande étendit son domaine à deux cents milles. Une fois encore, tous les chalutiers étrangers acceptèrent de sortir de la nouvelle zone, à l'exception des Britanniques et — *bis repetita* — des Allemands de l'Ouest. Tout pouvait recommencer...

Ce fut la plus courte et la plus minable des guerres. Après un accrochage, en décembre 1975, un remorqueur britannique rapporta qu'un garde-côte islandais lui avait tiré deux fois dessus sans l'atteindre. En cinq mois, on compta trente-cinq incidents d'éperonnage, tandis que les garde-côtes islandais tranchaient quarante-six chaluts britanniques et neuf allemands. Les deux parties s'étaient initiées aux arcanes de l'habileté de la bataille navale entre amis. Le ministre des Affaires étrangères anglais, James Callaghan, déclara à la presse de son pays : « Dans ce conflit, les deux côtés montrent leur valeur, mais il n'existe aucune raison pour qu'ils prouvent leur virilité. »

Les négociations furent tendues. Le *Financial Times*

de Londres rapporta : « Il est bien difficile de s'arranger avec les Islandais, de quelque manière qu'on les prenne. » L'Islande n'était pas orientée vers le compromis. Un moment, elle prit des mesures diplomatiques très strictes à l'égard de la Grande-Bretagne. Mais l'O.T.A.N. continua de jouer les bons offices. Jon Jonsson, longtemps directeur de l'Institut de recherches marines islandais, et l'un des négociateurs de cette troisième guerre de la Morue, déclara : « Entre scientifiques, ce fut une guerre fort amicale. Les Anglais incarnaient nos meilleurs ennemis. » Il se souvint qu'un négociateur britannique suggéra un jour, en plaisantant, qu'il conviendrait de ne trancher aucun chalut le jeudi suivant, parce qu'il y avait à la télévision un programme qu'il aimerait regarder. Jonsson se rappelle plus tendrement les cadeaux de voyage qu'il recevait pour ses vacances à venir, lorsque lui et sa femme visiteraient la Cornouaille...

Bien que les Britanniques ne jugeassent pas qu'il y avait péril pour l'avenir de leur économie, les enjeux étaient notables. Les dirigeants des industries du chalutage et les corporations de marchands de *fish-and-ships* redoutèrent que l'ensemble de l'industrie de la pêche anglaise ne s'effondrât. Les grands ports morutiers de Hull, Grimsby et Fleetwood déclinèrent rapidement. Les mareyeurs, qui achetaient aux chalutiers et revendaient aux grossistes, dépendaient de la morue islandaise. À Hull, entre la fin de la Seconde Guerre mondiale et 1976, le nombre de grossistes chuta de deux cent cinquante à quatre-vingt-sept. Les alliés des Anglais suggérèrent, à diverses reprises, que la solution au problème pouvait venir de ce que les consommateurs britanniques acceptassent enfin de délaisser leurs chères morues au profit d'autres espèces. Les Allemands négocièrent une trêve avec l'Islande : ils eurent droit à des quotas de saumons pour compenser le fait d'être écartés des zones de morues. Le gouvernement de l'Allemagne de l'Ouest suggéra aux Britanniques que le problème serait globalement résolu le jour où les ménagères britanniques apprendraient à préparer le saumon ou le lieu. La Communauté économique européenne fit observer que le merlan bleu abondait au large de l'Écosse. « Si les Britanniques se décidaient à le consommer, l'ensemble de la guerre de la Morue deviendrait sans fondement », écrivit le *Financial Times* en mai 1976. Mais les Britanniques tenaient à manger de la morue, et non du merlan ou du lieu ; et ils détestaient le saumon.

Jonsson décrivit les séances de négociations à Londres comme des « discussions chaudes, quoique entre gentlemen ». Il ajouta : « Malgré tout, les Britanniques menaient une bataille perdue. J'étais surpris de les trouver si peu clairvoyants. Le monde entier se dirigeait vers les deux cents milles. Je dis au ministre britannique : "Je suis à peu près sûr que vous allez adopter les deux cents milles dans peu d'années ; à ce moment, nous pourrons vous conseiller sur la façon de le faire." Ils acceptèrent, en effet, bientôt les deux cents milles, mais sans jamais nous demander notre avis. »

En vérité, toute la Communauté économique européenne était prête à accepter la zone exclusive des deux cents milles. Un moment, le gouvernement britannique réclama une zone limitée à cent milles. En février 1976, la C.E.E. mit dans l'embarras les Anglais au beau milieu de leurs négociations avec l'Islande, en rejetant cette demande particulière à cent milles et en instituant la zone européenne unique des deux cents milles.

Tomas Thorvaldsson avait cinquante-sept ans lorsque les deux cents milles transformèrent sa vie. Il avait déjà beaucoup changé. Il était devenu le patron prospère d'une société de chalutage dotée de sa propre usine de conditionnement. Il faisait maintenant partie du gouvernement, puisque, après avoir été membre du bureau durant vingt-deux ans, il devenait président de l'office d'État chargé de contrôler toutes les exportations de poisson. Il se rappelait le bon vieux temps et aimait visiter ces croissants de côte noire — ces plages de lave où l'on halait jadis les bateaux hors de l'eau. Il aurait pu dire, avec solennité : « En ce lieu, pendant plus de mille ans, des hommes prirent la mer. »

À présent, l'ancienne Islande semble devenue inimaginable à ses propres enfants. Même la nourriture s'est modifiée. Les jeunes générations ne mangent plus de stockfish : elles vont à la boulangerie et achètent du pain. Leur alimentation, à l'exception de l'agneau et du poisson, est importée et chère. Un jour d'hiver, quand la nuit arctique dure presque vingt-quatre heures et que les pensées ont tendance à devenir suicidaires, on fait pourtant une fête dont les Anciens n'eussent pas imaginé le prix, et durant laquelle on mange du *hakarl*, de la tête de mouton, des testicules de bélier et d'autres mets d'antan.

Les traces physiques du passé s'évanouissent presque complètement. Un immeuble rescapé des années 1930 est considéré comme « historique ». Un tiers de la ville d'Heimaey, un port de pêche situé sur une petite île de la côte sud, fut enseveli lors d'une éruption volcanique en 1973. Un panneau, dans les nouveaux champs de lave, y indique que, quelques pieds plus bas, gît le plus vieux Kiwanis Club d'Islande, construit en 1924.

Nombre de villes sont peuplées de moins de deux mille habitants. Ces rares personnes conduisent leur voiture dans des rues bien pavées et d'une inutile largeur. On ne remarque ni foules, ni signes de pauvreté, rien de vieux et absolument rien de sale. Juste une étendue sans arbres, hérissée d'habitations neuves en métal ou en ciment, fraîchement peintes de couleurs vives, mais non pas chaudes, et qui ne reflètent rien de la nature. Beaucoup de ces villes ont l'air de salons de vente d'énormes *mobile homes.* « Telles sont les nouvelles maisons construites pour les jeunes générations, après que nous eûmes creusé un port de nos mains », note Tomas.

Le port de Grindavik fut agrandi chaque année un peu plus. Les hommes de la cité continuent de l'entretenir. Il constitue désormais le port d'attache de cinquante bateaux de pêche, qui vont de la petite embarcation à deux places, dont l'arrière est équipé d'un matériel de chalutage, jusqu'aux grands et modernes dragueurs de fonds.

Après que la zone islandaise des deux cents milles eut été acceptée, en 1976, nombre de pays revendiquèrent leur propre territoire marin. Quatre-vingt-dix pour cent des fonds de pêche connus dans le monde se trouvent à moins de deux cents milles des côtes d'un pays — ou de plusieurs. Désormais, les pêcheurs n'ont plus à se battre autant qu'auparavant contre les lois de la nature, mais bien davantage contre celles des hommes. Leur premier devoir ne consiste plus à prendre le plus de poissons possible, mais le plus qu'il est permis. Le pêcheur fut, durant longtemps, un navigateur avisé, un marin, un biologiste, un météorologue, un mécanicien, un tisseur et un raccommodeur. Aujourd'hui, il doit aussi apprendre, en bon citoyen, à respecter les règlements, à en esquiver les pièges et à naviguer entre les échappatoires. Il devient habile dans ces manœuvres-là aussi. Le pêcheur considère rarement que la régulation de son activité fait partie de sa responsabilité. De son point de vue, il incombe au gouvernement d'instituer des règles, et il lui revient, à lui, de louvoyer entre les obstacles. Si les réserves ne sont pas sauvegardées, c'est la mauvaise gestion de l'État qu'il faut blâmer.

Si la zone des deux cents milles sert à exclure les étrangers, comme c'est en général le cas, le pays n'a que ses propres pêcheurs à contrôler. Les Islandais en ont fait la clé de leur gestion effective. Johann Sigurjonsson, directeur délégué de l'Institut de recherches marines, déclare : « C'est déjà bien assez d'avoir à surveiller ses propres gens ! On ne veut pas de cette pêche olympique qui prévaut en mer du Nord, où chacun cherche à prendre le plus possible, le plus vite possible. » La Communauté européenne tente de résoudre ce problème grâce à sa bureaucratie régulatrice, en instituant une « politique commune de la pêche » ; elle n'a réussi qu'à créer un système complexe de régulation par pays, dans le cadre duquel les pêcheurs se débrouillent.

Le gouvernement islandais s'est aperçu qu'il devrait refréner la capacité de sa propre flotte. Il a imposé des mailles plus grandes sur les chaluts, mais les pêcheurs ont compensé en déployant davantage de filets. Puis l'État a restreint le volume même de la flotte et le nombre de jours autorisés en mer. Les pêcheurs ont répliqué en achetant un matériel encore plus grand et plus efficace. Les réserves de morues ont continué de décliner. En 1984, l'État a imposé des quotas par espèce, par bateau et par saison. Ce fut un mécanisme controversé et souvent gaspilleur. Un poisson de fond qu'on remonte d'une profondeur de cinquante brasses est tué par le changement de pression. Si c'est une morue, et que le quota de morues du pêcheur est dépassé, celui-ci rejette sa prise par-dessus bord. Ou bien encore, si le prix de la morue est trop bas cette semaine-là, et que le coup de filet en ramène avec des églefins et des carrelets, le pêcheur rejettera cette capture, afin de conserver son quota de morues pour un moment où il pourra les vendre à meilleur prix.

En 1995, un système fut institué, qui restreignait le total des captures de morues à un maximum de vingt-cinq pour cent des réserves estimées. Là encore, il y eut des trous... Mais, mesure après mesure, la résistance devint de moins en moins forte. Lorsque les Islandais virent s'effondrer leurs stocks de morues, ils s'imaginèrent revenus au Moyen Âge — huttes de terre, hameçons de métal, chair de requin enterrée et têtes de moutons brûlées... Dans le pays, les politiciens, les pêcheurs, les patrons de chalutiers et les sociétés de produits marins devinrent de plus en plus coopératifs avec les scientifiques de l'Institut de recherches marines. Les opposants les plus vigoureux restèrent les hommes politiques locaux, qui essaient toujours de décrocher quelque chose pour leur circonscription.

Avant la zone des deux cents milles, Tomas Thorvaldsson n'avait jamais songé à la surpêche. Son unique pensée avait toujours été de prendre toujours plus de poissons. Mais, à présent, il doit limiter sa capacité de capture. « L'idée de pêcher moins, dit-il, répugne à l'esprit. » Il montre un dortoir vide qui, jusqu'en 1990, accueillit jusqu'à cinquante-deux ouvriers venus d'autres régions d'Islande. Ceux-ci pouvaient traiter deux mille tonnes de poisson salé par an. Ces dernières années, Tomas n'en a transformé annuellement que trois cents à quatre cents tonnes. Des prix plus élevés, moins de poissons et moins de pêcheurs : tel est le nouveau slogan de la pêche en Islande. Quoique ce secteur pilote l'économie nationale, le gouvernement a déjà réduit le nombre des pêcheurs à seulement cinq pour cent du total des actifs.

En jetant un coup d'œil circulaire sur les murs de son bureau, où il a accroché des photographies de tous les bateaux qu'il a possédés, Tomas montre le petit vapeur bas sur l'eau qui fut son premier bateau ponté. Et il conclut : « Peut-être que nous allons en revenir à celui-ci ! »

BÉBÉS D'ISLANDE

À la fin du mois de janvier et en février, pendant la saison du frai, une tradition islandaise consiste à manger des œufs de morue farcis avec le foie du poisson. Comme la plupart des aliments traditionnels de l'île, ce mets n'est guère prisé des jeunes générations montantes.

ŒUFS DE MORUE FARCIS

Incisez les côtés des poches à œufs et retournez-les. Glissez le foie à l'intérieur. Faites cuire dans l'eau bouillante pendant quelques minutes. Quelquefois, au lieu du foie, je prépare une mixture de morue en purée, d'oignons émincés et d'œufs. Car les bébés n'aiment pas le foie...

Ulfar Eysteinsson,
Restaurant *Thrir Frakkar*, Reykjavik, 1996.

Voir aussi pages 287-289

Troisième partie

Derniers chasseurs

« Ce ne sont pas des poissons que vous achetez : ce sont des vies humaines. »
(D'un marchand de poisson à un consommateur en train de chipoter sur le prix du haddock.)

Sir Walter Scott,
L'Antiquaire, 1816.

11

Requiem pour les Grands Bancs

Voici un bercement qui monte et descend
— étoiles rouges — une morue blessée.
La tête entre deux pierres vertes — montant
retombant

William Carlos Williams,
Tête de morue, 1932.

On compare inévitablement l'Islande et Terre-Neuve. Ces deux îles de l'Atlantique Nord sont à peu près de la même taille, quoique le demi-million d'habitants de Terre-Neuve vaille deux fois la population de l'Islande. La médiocre qualité de la terre et la brièveté de la saison de végétation rendent, dans les deux cas, peu profitable l'agriculture. Historiquement, les deux économies ont été entièrement fondées sur la pêche, surtout à la morue. Sur les deux îles, les pêcheurs locaux travaillent dans de petits bateaux depuis la côte, tandis que des étrangers exploitent les riches fonds situés plus au large. Les deux terres sont demeurées des colonies peu développées jusqu'après la Seconde Guerre mondiale.

C'est alors qu'elles sont devenues différentes. Tandis que l'Islande coupait ses liens avec le Danemark pour devenir une république indépendante, Terre-Neuve se détachait de la Grande-Bretagne pour se transformer en province du Canada. Parce qu'ils formèrent une province d'un immense et riche pays, les Terre-Neuviens ne dépendirent plus de leurs pêcheries pour exister. Le Canada, de toute façon, aurait payé les déficits. Dans les années 1990, l'État canadien dépensa trois dollars pour entretenir sa pêche, chaque fois que celle-ci en rapportait un.

Terre-Neuve était la plus ancienne colonie britannique. Elle avait vécu en s'administrant elle-même jusqu'à la grande dépression de 1930. À cette date, le poisson salé ne suffit plus à faire vivre les pêcheurs. Une Commission financée par les Britanniques prit le relais. Mais cette Commission ne versa à chaque pêcheur au chômage qu'une allocation quotidienne de six cents. Les Terre-Neuviens avaient toujours résisté à l'idée d'être avalés par le Canada, mais ce dernier sembla vite la seule option praticable. En 1948, les Britanniques supervisèrent un référendum dans lequel Terre-Neuve vota, à une faible majorité, pour devenir la dixième province du Canada. En tant que fraction de ce pays, Terre-Neuve hérita d'un vaste État et d'une capitale lointaine, qui n'avait pas l'habitude de penser la pêche comme une priorité centrale. La bureaucratie du commerce extérieur canadienne était bien plus préoccupée par le blé et les produits industriels. Elle tenait les pêcheries locales de morue pour un gouffre financier, et tenta de développer l'économie de Terre-Neuve en y implantant des industries légères. Celles-ci firent, pour la plupart, faillite, car elles n'étaient pas

La flotte de pêche bretonne en train de quitter les Grands Bancs, *The Graphic*, 17 octobre 1891.

compétitives par rapport à leurs concurrentes implantées sur le continent.

Lorsque la limite des deux cents milles fut instituée, en 1977, le gouvernement canadien entrevit tout de même une chance de faire de la pêche une assise économique viable pour Terre-Neuve. Il fallut d'abord préciser la frontière marine avec les États-Unis, et chasser les Européens. Ensuite, on disposerait vraiment de cette zone exclusive.

Les Espagnols et les Portugais tenaient pour l'un de leurs droits celui de pêcher sur ces fonds. Ils le faisaient depuis cinq cents ans. Ils furent choqués. La limite des deux cents milles porta un rude coup à l'Espagne, parce que les habitants de ce pays affichaient la plus grande consommation de poisson par individu de tous les pays occidentaux, tandis qu'il n'existait presque aucun bon banc de pêche dans la zone nationale des deux cents milles. Après la mort de Franco, en 1975, chaque secteur de l'économie ibérique attira des investissements et fut modernisé. Il n'y eut que peu de candidats pour améliorer la flotte de pêche. Les Canadiens et les Américains refoulèrent les bateaux espagnols loin de leurs bancs, tandis que les Français et les Britanniques faisaient pression sur la bureaucratie européenne pour qu'elle les exclue des eaux de la Communauté. La pêche devint l'un des motifs d'opposition des Français et des Anglais à l'entrée de l'Espagne dans la C.E.E. Pour l'Espagne, ce fut, au contraire, l'une des incitations principales à y être admise. Dotée d'une flotte plus importante que tout autre pays de la Communauté européenne, l'Espagne allait voir ses quotas réduits année après année. En 1983, mille bateaux espagnols durent se partager deux cent trente-quatre licences dans les eaux européennes. Sous la crête des collines de Vigo, dans la province de Galice, au nord-ouest de l'Espagne, la flotte de chalutiers modernes eut de moins en moins d'endroits où travailler.

La flotte portugaise était surnommée « Flotte blanche » depuis que, pendant la Seconde Guerre mondiale, elle avait été repeinte en blanc pour bien signifier aux sous-marins allemands la neutralité lusitanienne. Elle aussi n'avait plus que peu d'endroits où aller. Le seul site qui restait aux Ibériques était un morceau du Grand Banc et la totalité du cap Flemish, deux bancs historiques situés au-delà des deux cents milles, et donc dans les eaux internationales. Espagnols et Portugais tirèrent de cette aire des quantités significatives de morues jusqu'en 1986, date à laquelle les Canadiens décidèrent d'interdire aux bateaux étrangers travaillant sur les Bancs extérieurs d'utiliser le port de Saint-Jean pour se ravitailler ou réparer. Les Français détenaient encore Saint-Pierre-et-Miquelon. Les Ibériques s'étaient, pour ainsi dire, échoués loin de chez eux, et sans aucun port.

L'autre problème, pour le Canada, était la frontière avec les États-Unis. Le banc Georges, le plus riche de tout le plateau continental, s'étend au large de la Nouvelle-Angleterre, mais une bonne partie se trouve dans les deux cents milles par rapport à la Nouvelle-Écosse. La bataille pour cette zone aurait pu se transformer en une autre guerre de la Morue à l'européenne. Entre les pêcheurs du Canada et de Nouvelle-Angleterre, il y eut quelques échanges de coups de feu — probablement les seuls entre ces deux pays depuis la guerre franco-indienne. Un arbitrage international attribua au Canada la partie nord-est du banc, tandis que le reste devenait eaux territoriales américaines. Pour la première fois dans l'histoire, le Canada et les États-Unis possédaient, de façon exclusive, les bancs de morues situés au large de leurs côtes.

La limite des deux cents milles ne fut pas considérée, au Canada, aux États-Unis et partout ailleurs, comme une mesure de conservation, mais bien plutôt comme un dispositif protectionniste à l'avantage des pêcheries nationales. Le gouvernement américain accorda des prêts à bas taux d'intérêt et d'autres incitations pour moderniser la flotte de la Nouvelle-Angleterre affectée au banc Georges, tandis que le Canada investissait dans sa flotte des Grands Bancs. Pour bâtir cette industrie moderne, les sociétés de produits de la mer, proches de la banqueroute en raison de leur mauvaise gestion, de la surévaluation du dollar canadien et de la compétition avec l'Islande, durent être secourues. Dans le cadre d'un plan cautionné par le gouvernement, les compagnies de Terre-Neuve fusionnèrent dans un conglomérat appelé « Fishery Products International ». Des fonds d'État furent également mobilisés pour ressusciter la société homologue de Nouvelle-Écosse, qu'on baptisa « National Sea Products ». À la fin des années 1980, les deux compagnies étaient énormes et prospères. La F.P.I. s'était même arrangée pour racheter les parts du gouvernement. Après quoi, le dollar canadien s'affaiblit par rapport au dollar américain, ce qui permit à la morue de Terre-Neuve et de la Nouvelle-Écosse de se vendre avantageusement sur les marchés de Boston.

Dix ans après que la limite des deux cents milles eut été instituée, l'année qui suivit la fermeture des ports aux bateaux étrangers, l'État canadien put — et ne manqua pas de le faire — proclamer qu'il avait pris possession de ses bancs. Il voulut transformer ses pêcheries atlantiques en un secteur excédentaire de l'économie nationale. On vit un accroissement significatif du nombre des pêcheurs et de celui des employés dans les usines de transformation. Les sociétés de produits marins firent embarquer de nouveaux pêcheurs sur d'énormes chalutiers. La plupart de ces hommes étaient des ouvriers des usines de conditionnement : l'essentiel du travail à exécuter sur un chalutier moderne consiste, en effet, à conditionner le poisson... Sam Lee, de Petty Harbour, s'en souvient avec un léger ricanement : « L'un des types, j'avais grandi avec lui : son père tenait un magasin. Lui, travaillait en usine. En rien de temps, il devint pêcheur en eau profonde sans la moindre expérience ! »

Tandis que la nouvelle pêche hauturière canadienne prospérait, les pêcheurs côtiers voyaient leurs captures s'effondrer. Ils suspectèrent que la raison en était que les dragueurs du large prenaient tellement de morues que celles-ci n'avaient plus la moindre chance de migrer près des rivages pour pondre. Les pêcheurs côtiers se plaignirent à l'agence de régulation nationale, le Département des Pêches et des Océans. Mais l'État avait investi dans la pêche hauturière, et non côtière. Sa politique consistait à faire de ses investissements une histoire à succès. Tandis que les stocks littoraux diminuaient, le débat devint progressivement plus aigre. D'un côté, il y avait les pêcheurs côtiers ; de l'autre, l'Union des pêcheurs, le personnel des chalutiers, les sociétés de produits marins et le gouvernement... Cabot Martin, un avocat de Terre-Neuve, défendit pour la bonne cause les pêcheurs côtiers de sa province. Il le dit aujourd'hui : « L'aspect totalement déloyal, dans le combat de Sam Lee contre la National Sea Products, fut que Sam n'avait pas le moindre argent. »

« Nous avons fondé l'Association pour les pêches côtières de Terre-Neuve, raconte Sam Lee. Personne n'écoutait les pêcheurs : autant nous plaindre au vent ! Mais nous ne luttions pas seulement pour la survie de la pêche côtière. Quiconque se souciait de ce qui était en train d'arriver pouvait se joindre à nous. »

Les petites usines à poissons locales subissaient des banqueroutes chroniques. Les prises se gâtaient parfois avant que les pêcheurs de Petty Harbour n'eussent réussi à les acheminer jusqu'à Boston. Les pêcheurs reprirent finalement l'usine locale en coopérative. Parce que l'État s'intéressait aux sociétés de produits marins, ils réussirent à quémander des crédits pour quelques améliorations. En entreposant leurs poissons dans des viviers, ils purent les garder vivants jusqu'à ce que les marchés fussent plus propices. Cabot Martin, qui s'était d'abord passionné pour l'aquaculture, montra aux pêcheurs comment nourrir les morues de capelans, de harengs et de maquereaux. On put ainsi parfois doubler le poids des prises : l'essentiel de l'accroissement ne se faisait pas en longueur, mais en épaisseur, ce qui augmentait la valeur du poisson par unité de poids. La morue côtière que les pêcheurs côtiers vendirent commença de ressembler aux plus beaux sujets du banc Georges. Cependant, à mesure que le temps passait, il devint de plus en plus difficile de trouver des morues de quelque taille que ce fût à mettre dans les viviers. Même les petits poissons prévus pour leur nourriture se faisaient rares.

En 1989, face à l'indifférence de l'État, Martin et l'Association pour les pêches côtières décidèrent d'intenter un procès au gouvernement. Ils espéraient obtenir une injonction qui interdise le chalutage de fond. Ils plaidèrent en soulignant que le Département des Pêches et des Océans ne se conformait pas aux évaluations environnementales. La Cour de justice se prononça contre l'injonction, au motif que celle-ci aurait eu un impact négatif sur l'économie ; mais elle ordonna aux usines de la National Sea Products, à Saint-Jean, de fermer plusieurs mois par an.

Martin avait auparavant suivi les campagnes des écologistes contre la chasse à la baleine et au phoque, comme celles de Greenpeace. Il regrettait d'avoir finalement dû aller en justice. « McDonald, explique-t-il, était le plus gros acheteur pour les sociétés de chalutage. Nous aurions plutôt dû lancer une campagne contre McDonald. Nous n'étions pas très sophistiqués... »

C'est une litote d'écrire que le gouvernement

n'écouta pas les pêcheurs côtiers. Il était euphorique au sujet des réserves de morues et de l'avenir des pêcheries du pays. Les prises augmentaient sans cesse. Les pêcheurs, qui n'arrivaient pas à remplir leurs quotas de saumons, obtinrent des quotas supplémentaires de morues pour compenser. Une commission d'État, dirigée par le sénateur Michael Kirby, fut mandatée pour estimer l'avenir de l'industrie de la pêche dans l'Atlantique. L'essentiel de son rapport fut consacré à la recherche de nouveaux marchés capables d'absorber tout le poisson que ne manquerait pas d'attraper la nouvelle flotte canadienne.

Les Canadiens n'ont jamais été de gros mangeurs de poissons. Même les habitants de Terre-Neuve et de la Nouvelle-Écosse n'en consomment pas de grandes quantités. Mais la population des États-Unis est si importante qu'elle semble représenter un potentiel d'expansion illimité. Selon le rapport Kirby, les Américains absorbent cent cinq kilogrammes de viande rouge par personne et par an, et seulement un kilogramme huit cents de poissons de fond. Le rapport Kirby estima que, lors des cinq années suivantes, les prises de poissons de fond canadiennes augmenteraient de cinquante pour cent. Si la consommation par tête aux États-Unis progressait de seulement zéro un pour cent, le marché américain absorberait à lui seul le surplus venu du Canada.

En vérité, les prises croissaient non pas en raison de l'abondance des poissons, mais parce que l'efficacité des chalutiers modernes permet de localiser les derniers secteurs où il reste des bancs, et de les nettoyer. Rétrospectivement, cela semble l'évidence même. Mais il faut se souvenir que, tout au long de la longue histoire de la pêche à la morue, celle-ci disparaissait de certains secteurs pour réapparaître dans d'autres. Chaque année ou presque, alors même qu'on établissait des records de captures, il existait des fonds de Terre-Neuve ou du Labrador où les poissons s'étaient quasi évanouis. Tel ou tel secteur fut déficient plusieurs années de suite. 1857 et 1874 furent exceptionnels, car on n'y observa aucune aire dépeuplée. Mais, en 1868, presque tous les secteurs subirent un effondrement de leurs stocks. Ces contrées marines furent de nouveau assez bien pourvues l'année suivante. En dépit des cris d'alarme, de telles « faillites » n'avaient jamais résulté de la disparition même de l'espèce « morue », mais de décalages dans les schémas migratoires, peut-être en réponse à des changements de températures. Dans les années 1980 et 1990, le gouvernement canadien assura que les eaux de Terre-Neuve subissaient le même phénomène bien connu. Ralph Mayo, biologiste au Service national des pêches marines des États-Unis, et qui étudiait le banc Georges avec les moyens des laboratoires de l'Institut océanographique Woods Hole, Massachusetts, parla, quant à lui, d'un « phénomène de perception ». « Vous apercevez quelques morues, dit-il, et vous affirmez que c'est le sommet de l'iceberg. Mais ce pourrait bien être l'iceberg tout entier. »

Au reste, le rapport Kirby était toujours influencé par les enseignements de Huxley au sujet de l'élasticité de l'indestructible nature. Cette idée d'élasticité semble, en vérité, beaucoup plus élastique que la nature même : chaque année, elle inspire la publication d'un ou deux livres. Tout comme la croyance du XVIe siècle en un passage vers l'Asie par l'ouest, cette théorie ne pouvait être anéantie par une banale expérience.

En 1989, le ministre canadien des Pêches, John Crosbie, fils et petit-fils d'influents marchands de poissons de Saint-Jean-de-Terre-Neuve, s'installa à l'hôtel Radisson de Saint-Jean, et tenta de faire taire les soupçons selon lesquels les pêcheries devraient peut-être bientôt fermer. En juillet 1992, il revint au même hôtel pour n'annoncer que cela : un moratoire sur la pêche, pour l'ensemble des peuplements de morues du nord-est, et qui mettait trente mille pêcheurs au chômage. Sam Lee et les autres pêcheurs côtiers, qui avaient réclamé durant des années un moratoire sur le chalutage, attendaient dehors. Lorsque Crosbie refusa de les recevoir, Lee — personnage en général agréable et de bonne composition — entra en fureur et se mit à pilonner la porte.

En janvier 1994, le nouveau ministre, Brian Tobin, annonça une extension dudit moratoire. Toutes les pêcheries de morues de l'Atlantique canadien seraient fermées, à l'exception d'une seule, au sud-ouest de la Nouvelle-Écosse. De stricts quotas seraient mis en place pour les autres espèces de fond. La morue du Canada n'était, certes, pas encore biologiquement éteinte, mais elle l'était commercialement. Elle était devenue si rare qu'elle ne pouvait plus être tenue pour exploitable. À trois ans du cinq centième anniversaire du rapport de Cabot selon lequel, au Nouveau Monde, les hommes pouvaient écoper la morue dans de simples paniers, c'en était terminé.

Les pêcheurs avaient tout ramassé.

Les usines de transformation du poisson, qui avaient amené la Cour de justice à rejeter la plainte des pêcheurs côtiers, furent malgré tout fermées. Les deux sociétés géantes, Fishery Products International et National Sea Products, ralentirent leurs opérations et commencèrent de traiter de la morue importée d'Islande et de Norvège. La National Sea Products possédait une usine de deux cent cinquante employés à Arnold's Cove, une bourgade de pêche typique de Terre-Neuve, comme Petty Harbour. Les bâtiments étaient installés dans un renfoncement de la baie, directement sur la mer, sur pilotis. Le gouvernement de Terre-Neuve tenta de réinstaller les habitants des petites îles du large dans ce genre de lieux moins inaccessibles. Il regroupa nombre de villageois à Arnold's Cove, parce qu'il y avait encore du travail à l'usine de la National Sea Products. Celle-ci achetait aux Norvégiens de la morue de Russie décapitée et congelée. À Arnold's Cove, on dégelait partiellement ce poisson, avant d'en lever les filets et de le recongeler.

L'usine communautaire de Petty Harbour voulut faire la même chose, mais elle ne possédait pas le capital nécessaire. « Nous avions un œil sur la morue russe, raconte Sam Lee. Nous voulions que notre usine continue de tourner. Mais, pour notre association, ce fut : par ici la sortie ! » Les habitants gardèrent l'usine ouverte, mais en la transformant en école. Le problème était qu'ils devaient à l'État plus d'un million de dollars canadiens, rien qu'en intérêts sur les sommes empruntées pour acheter les équipements frigorifiques. « Nous avons payé jusqu'au moratoire, explique Sam Lee. Mais l'État ne veut pas de notre usine : nous devons nous débrouiller. D'ailleurs, personne n'en veut. Le poisson reviendra et nous la referons tourner. Mais, en attendant, avec les intérêts, notre dette s'élève à deux millions de dollars. »

Le gouvernement dut aussi interdire la capture du flet — appelé localement *blackback*, « dos noir ». Les pêcheurs qui recherchaient ce poisson plat, habitué à se nourrir sur les fonds, remontaient comme par hasard de grandes quantités de morues dans leurs chaluts. Il était légal de prendre quelques-unes de ces dernières au titre de la pêche involontaire, mais il devint clair que les professionnels avaient pris pour cible principale le poisson accessoire... Certains se mirent à capturer le lompe, au sujet duquel Sam Lee émet cette objection : il s'agit d'un pur gaspillage ; les œufs seuls sont prélevés, le reste de l'animal est rejeté. D'autres pêcheurs côtiers se tournèrent vers le crabe, qui avait été très lucratif, ou encore vers le homard. On fit des expériences de récolte de buccins pour l'exportation. Mais, aux yeux des professionnels des Grands Bancs, c'étaient là des formes d'activité subalternes. La plupart des marins se contentèrent de mettre le sac à terre et d'attendre.

Saint-Jean-de-Terre-Neuve, la plus vieille ville d'Amérique du Nord, est construite autour d'un port en eau profonde, abrité par de majestueuses falaises. La ville, avec ses maisons de bois de la fin du XIXe siècle, peintes de couleurs vives, est construite sur une colline escarpée. Malgré le clinquant de son architecture victorienne, elle dégage un charme de frontière, on la dirait taillée à la hache. Sur le front de mer, se pressaient naguère les magasins qui vendaient du ravitaillement aux flottes européennes, dont les bateaux s'alignaient sur les jetées, au bas de la cité. Les Portugais et les Espagnols pouvaient jouer au football dans la ville, et boire du vin en mangeant du pain croustillant. À présent, ils sont tous partis. Le front de mer s'emplit de bars, de restaurants et d'échoppes pour touristes.

Le thème central de ce tourisme-là a toujours été la

morue. On appelait « arêtes de morues » des confiseries bourrées de beurre de cacahuète étalé en bandes blanches. On vendait des modèles réduits de chalutiers en bois. Les bars proposaient aux étrangers une sorte de bizutage appelé *screech in*. Il s'agissait d'une survivance du temps du négoce de la morue et de la mélasse, et dont la signification a été perdue. Le touriste devait avaler un coup de Screech, sorte de rhum de la Jamaïque mis en bouteille à Terre-Neuve, puis embrasser une morue — en général bouillie. Aujourd'hui, il ne reste plus d'autres morues que des filets congelés venus de Russie, ou — à l'occasion — une prise de la Pêche Sentinelle.

Entre-temps, on découvrit du pétrole sur les Grands Bancs. Voici une décennie, lorsqu'on en trouva sur le banc Georges, les pêcheurs montèrent en première ligne pour bloquer les compagnies pétrolières. À Terre-Neuve, les marins s'inquiétèrent des effets probables des sondages sismiques sur les poissons. Mais ils étaient sans argent. Ils ne constituaient pas un lobby très puissant. « Ils nous ont répondu, raconte Sam Lee, que les sondages n'affectent en aucun cas les poissons. Mais ils mentent. »

Chacun parle ici du temps « où les morues reviendront ». Lee est persuadé qu'alors les usines à poissons rouvriront. Tom Osbourne, responsable des embauches à la National Sea Products d'Arnold's Cove, assure : « Le poisson local sera de retour avant longtemps, et nous recommencerons à le traiter. Il redeviendra un jour le roi. Il reconquerra les marchés des États-Unis. »

Cabot Martin croit, lui aussi, que la morue reviendra. « J'aimerais mieux qu'il y ait du poisson à prendre.

Il reviendra à tous les coups. On réessaiera. On voudra recommencer à tirer des chaluts. Il faudra à nouveau se battre contre eux. »

La nature pourrait avoir d'autres projets.

DIMANCHE À TERRE-NEUVE

Vessies de morues salées

2 livres de vessies de morues
4 tranches de porc salé
Échalotes ou oignons

Mettez environ deux livres de vessies natatoires de morues dans de l'eau, laissez tremper une nuit, puis égouttez. Mettez-les dans une casserole et faites-les cuire environ dix minutes. Égouttez. Faites frire le porc, épluchez les échalotes ou les oignons, taillez-les en petits morceaux et faites frire le tout ensemble. Ajoutez un peu d'eau si nécessaire.
On utilisait volontiers cette recette voici quatre-vingts ans ; le plus souvent, pour le repas du dimanche soir, avec du pain de ménage et du beurre. Cela suffisait pour toute la famille. Cela avait beaucoup de goût et était délicieux. Aujourd'hui, on peut servir ce plat avec de la purée de pommes de terre, des pommes de terre frites ou des pommes de terre entières avec des petits pois.

Winnifred Green,
Hants Harbor, Terre-Neuve,
extrait de *Gros derrière et Mélasse,*
Florilège des meilleures recettes
de Terre-Neuve et du Labrador,
édité par Ivan F. Jesperson, Saint-Jean, 1974.

Voir aussi page 290

18

Les eaux dangereuses de la résistance de la nature

« Ce qu'on gagne en merluche, on le perd en hareng. »

Proverbe anglais

LA MORUE REVIENT, SELON LES PÊCHEURS
« Pression sur le ministre pour qu'il mette un terme aux moratoires dans les eaux de Terre-Neuve ! »

Titre de « Une »,
Globe & Mail, Toronto, 5 octobre 1996

Les habitants de Terre-Neuve débattent pour savoir « quand la morue reviendra ». Peu d'entre eux se demandent *si* elle le fera. Et ce qui adviendrait à l'océan si elle refusait de le faire. La pêche commerciale pourrait-elle continuer ? Sam Lee soutient de façon plus candide l'idée de ce retour : « La morue reviendra, dit-il, parce qu'elle *doit* le faire. »

Les scientifiques n'en sont pas si sûrs.

Ralph Mayo, du laboratoire du Service national des pêches, à l'Institut océanographique Woods Hole, Massachusetts, fait observer qu'il n'existe aucune formule connue pour prédire combien de poissons (ou, en termes plus savants, quelle taille de biomasse) sont nécessaires pour reconstituer une population animale ; et combien d'années cela va prendre... Dans la nature, se produisent aussi bien des miracles que des désastres. En 1922, pour une cause naturelle mystérieuse, les populations de morues d'Islande fabriquèrent tant de juvéniles que, en dépit des chalutiers britanniques et allemands, l'Islande eut pour dix ans des stocks de poissons en bon état. « Il existe quantité de paramètres naturels, explique Mayo. Une seule énorme tempête d'hiver peut suffire à balayer — à jamais — les larves loin du banc. » On ne connaît qu'une seule prédiction exacte : « Avec zéro, on fait zéro ! » On ignore jusqu'à combien, au-dessus de zéro, on continue de faire zéro.

Le fait que certains stocks de morues décimés se fussent restaurés plutôt rapidement dans d'autres contrées alimenta l'optimisme. En 1989, le gouvernement norvégien s'aperçut que ses réserves étaient en déclin sérieux. Il restreignit sévèrement la pêche, mit au chômage nombre de pêcheurs, d'ouvriers d'usines de poisson et de constructeurs de bateaux, et réduisit sa flotte de façon drastique. La région septentrionale du Finnmark connut un taux de chômage sans précédent : vingt-trois pour cent ! Parce que le gouvernement prit les mesures nécessaires en un temps où le stock commercial était toujours viable, et où il subsistait encore assez de grands reproducteurs, la population de morues se stabilisa, et recom-

August Olafsson, homme de pont sur le *Ver*, pose avec une morue destinée au cuistot du bord, Gudbjartotur Asgeirsson, vers 1925. Ce dernier, qui fut cuisinier sur des chalutiers d'Islande entre 1915 et 1940, prit de nombreuses photographies. (Museum national islandais, Reykjavik.)

mença de croître après quelques années. Peter Gati, du Conseil norvégien pour l'exportation des produits marins, juge de la sorte la situation au Canada : « Je devine que les politiciens n'ont pas le courage de priver les gens de faire des affaires. » En Norvège, le courage se combina à la chance pour produire une population de morues en croissance rapide. Lorsqu'ils évaluèrent les stocks de l'espèce en mer de Barents, à la fin de 1992, les planificateurs gouvernementaux furent aussi surpris qu'ils l'avaient été en 1989. Malgré deux années de pêche qui comptaient parmi les plus productives aux dépens de ce stock, la population était de nouveau en bon état.

En 1994, le gouvernement canadien avait estimé que son moratoire durerait jusqu'à la fin du siècle. Depuis lors, les politiciens ont essayé d'en hâter la fin. Mais, au Canada, même si tout se déroule pour le mieux, au moins quinze ans seront nécessaires pour restaurer la démographie morutière dégradée. Une population saine nécessite nombre de grands reproducteurs âgés. Dans le stock du nord, ces poissons-là doivent avoir les quinze ans en question. On imagine difficilement les Canadiens patienter aussi longtemps. Toute une génération sans pêche à la morue ! George Rose, spécialiste des poissons à l'Université Memorial de Saint-Jean, laisse entendre que les pressions politiques rendront quasi impossible le maintien du moratoire jusqu'à ce que les stocks aient reconstitué leurs niveaux historiques. George Rose avait été un leader parmi les voix qui réclamaient le moratoire. Il ajoute : « Je ne suis pas optimiste sur le fait que nous laissions jamais ces réserves de poissons redevenir ce qu'elles étaient. Si nous prenions trois cent mille de ces animaux, il y aurait une insupportable pression pour rouvrir la pêche. »

Régulièrement, on annonce la tenue d'une pêche dite « de subsistance ». Pendant une fin de semaine, les locaux sont autorisés à prendre quelques morues pour leur propre consommation. Après de tels week-ends, le poisson redevient disponible, vendu à l'arrière de camionnettes. Et les politiciens du cru se plaignent de ce que ces journées sont trop courtes ! Le maire de Lewisporte déclara que certaines personnes travaillaient durant les fins de semaines, et qu'il « désirait que chacun ait sa chance ».

Dans son article d'octobre 1996, publié par le *Globe & Mail*, le ministre des Pêches Fred Mifflin affirme que, selon les rapports dont il dispose, les Pêcheurs Sentinelles voient leurs prises augmenter en nombre et en taille. « Les poissons sont plus gras, en meilleure santé, et nous pouvons dire à coup sûr que le déclin a cessé. » Ces assertions ne correspondent nullement à ce que constatent Sam Lee et ses collègues de Petty Harbour — même s'ils ne sont que six des quelque quatre cents Pêcheurs Sentinelles de Terre-Neuve. Un examen plus détaillé des données de Mifflin révèle que les bons résultats dont il parle concernent le sud de Terre-Neuve, où les eaux sont plus chaudes et la croissance plus rapide. En fait, les morues du sud forment une population complètement séparée de celle du nord, qui hante les eaux du reste de Terre-Neuve, du Labrador et des Grands Bancs. De nouveau, c'est l'illustration de ce que Ralph Mayo appelle un « problème de perception ».

Quelques semaines avant l'article de Mifflin, Rose déclarait : « Nous avons recensé quinze mille morues dans la baie South, et tout le monde dit que l'espèce est de retour. Attendez ! Il y a dix ans, la biomasse locale — la population — était de un million deux cent mille ! »

Certains proposent de donner un coup de main à la nature. Lorsque les pêcheries norvégiennes connurent la crise, le gouvernement local effectua de lourds investissements dans la pisciculture. Dès que les stocks sauvages furent reconstitués, les Norvégiens perdirent tout intérêt dans l'élevage, parce qu'il est plus coûteux que la simple récolte. Mais les pisciculteurs avaient techniquement réussi à transférer des juvéniles sauvages dans des enclos, et à les nourrir jusqu'à ce qu'ils deviennent grands et gros. Ces morues étaient même habituées à accourir à l'heure des repas ! « Les juvéniles ne grandissent bien que si la pêche est bien conduite », dit Peter Gati, du Conseil norvégien pour l'exportation des produits marins. La chair des morues d'élevage de Norvège est extrêmement blanche parce que les animaux sont « purgés », affamés durant plusieurs jours avant de finir au marché, comme on le fait aussi pour les homards et les langoustes. Un autre avantage de l'aquaculture est que les poissons peuvent être amenés vivants jusqu'aux points de vente.

Cela avait déjà été l'une des clés du projet de Cabot Martin à Petty Harbour.

Bien que l'élevage de la morue constituât un champ inédit, tandis que celui du saumon était déjà fermement établi, Martin prétendit que, des deux, la morue devrait être la plus facile à gérer. Le saumon possède des écailles à la structure délicate, et il est sensible aux infections, tandis que la morue tolère les manipulations et résiste aux maladies. En outre, le saumon n'aime pas être entassé dans des enclos, tandis que la structure sociale de la morue est le troupeau.

L'aquaculture — du saumon à la moule — devient, année après année, une industrie plus puissante. L'élevage de la morue ne démarra pas mal non plus. Après son expérience à Petty Harbour, Martin installa plusieurs parcs et engraissa ses poissons avec du maquereau, du hareng et du capelan. Cela lui permit probablement de produire une excellente marchandise, mais, au moment du moratoire, il avait laissé tomber son affaire, grevée d'une dette d'un million de dollars canadiens. Les fermes à poissons qui réussissent commercialement réduisent leurs coûts de production en utilisant comme nourriture des boulettes de chair de poisson pressées, plutôt que des appâts vivants sauvages. Il faut dire que, dans le cas du saumon, l'animal est pigmenté artificiellement : c'est ainsi qu'on lui confère la teinte rose qu'il acquiert en liberté en mangeant des crustacés. Gastronomiquement parlant, le saumon sauvage et son équivalent d'élevage ont à peu près autant de points communs que la poitrine de sanglier et les côtelettes de porc.

Non seulement les gastronomes, mais les scientifiques sont préoccupés par la pisciculture. Les morues élevées en enclos ont un taux de croissance phénoménal. Elles sont plus grosses, au même âge, que leurs congénères sauvages de la population nordique. Une morue double normalement sa taille en un an. Lorsqu'elle naît en écloserie, elle peut la quadrupler dans le même laps de temps. Dans la mesure où la taille détermine la fécondité, il peut sembler que l'élevage en captivité, puis le relâchage dans la nature, constituent une bonne solution pour reconstituer des réserves. En fait, c'est une méthode dangereuse.

L'idée de relâcher des poissons d'élevage dans une population sauvage inquiète les scientifiques, parce que l'homme ne sélectionne pas les animaux de la même façon que la nature. Si une morue n'est pas résistante aux maladies, si elle ne sait pas fuir les prédateurs, si elle manque d'habileté pour chasser ou pour trouver de la nourriture, si son thermomètre interne est déficient, donc si elle ne produit pas de protéine antigel ou si elle ne réussit pas à détecter les changements de température de l'eau qui lui indiquent qu'il faut s'approcher de la côte pour frayer, dans tous ces cas, elle ne survit pas en liberté. Mais elle peut vivre en captivité. Il peut même arriver qu'elle possède des caractéristiques spécialement bien adaptées aux conditions de l'élevage. On peut imaginer un poisson génétiquement défectueux, mais qui prospère en bassin et y devient dominant. S'il se reproduit avec un sujet sauvage, il peut transmettre ses « mauvais gènes » à leur descendance.

Christopher Taggart, océanographe des pêcheries à l'Université Dalhousie, à Halifax, compare les poissons d'élevage aux chiens ou aux chevaux de race pure : « Beaucoup de chiens de race pure sont porteurs de défauts génétiques, par exemple de mauvaises hanches. Et on dit qu'on casse la patte d'un cheval de race rien qu'en la regardant ! C'est une conséquence de la sélection. Essayez de fabriquer un chien muni d'une épaisse fourrure duveteuse, et qui soit bon nageur : vous en aurez un qui finira peut-être aussi par avoir de mauvaises hanches. Si ce chien se reproduit dans la nature sauvage, il peut engendrer une population de loups aux hanches défectueuses. »

Les conséquences génétiques de l'élevage des poissons demeurent inconnues. L'hypothèse — l'espoir — serait que les animaux sélectionnés par l'homme passent la totalité de leur cycle de vie en captivité, et ne s'échappent jamais dans la nature pour se mélanger aux sujets sauvages de leur espèce. Mais l'accident peut toujours arriver. Pis : certaines écloseries produisent des jeunes dans le but avoué de les relâcher, afin de renforcer les populations naturelles.

Les écloseries de saumons ont remis tellement d'alevins dans la nature que, en 1996, dans toute la Nouvelle-Angleterre, on estime qu'à peine cinq cents des saumons de l'Atlantique récupérés possédaient encore la variété génétique originelle de l'espèce.

La question centrale, pour la survie d'une espèce, est celle du maintien de sa diversité — ce large spectre de caractères génétiques qui lui offre la capacité de s'adapter aux multiples défis de la vie dans le monde. Les scientifiques n'ont aucun moyen de savoir, mais peuvent seulement espérer que le minuscule banc résiduel de morues de la population nordique recèle encore la totalité du faisceau de caractères autrefois présents dans le pool génétique de quelques millions de sujets. Taggart recommande que, pour préserver cette diversité génétique — à supposer qu'elle existe encore —, « l'élevage soit conduit aussi naturellement que possible ; avec des écloseries quasi sauvages. Nous savons, ajoute-t-il, que les lieux de frai ne sont pas choisis au hasard. Ne sont élus que des emplacements favorables à la bonne survie des juvéniles et au maintien de la cohésion du groupe. » C'est de cette manière que les morues sauvages ont établi leurs lieux de ponte.

La surpêche constitue un problème global de plus en plus grave. Environ soixante pour cent des types de poissons étudiés par la *Food and Agriculture Organization* (F.A.O.) des Nations unies entrent dans les catégories « exploité », « surexploité » ou « épuisé ». La côte atlantique américaine a été témoin d'un dramatique déclin de sa population de thons bleus, même si les pêcheurs de Gloucester le nient parce qu'ils effectuent encore de bonnes prises dans leur zone. Les réserves d'espadons de l'Atlantique tempéré diminuent. Les conques et les mérous disparaissent des Caraïbes. Le lutjan rouge, qui constitue un sous-produit de la pêche à la crevette, est en danger d'extinction commerciale dans le golfe du Mexique. Le Pérou est en train de perdre ses populations d'anchois — ses *anchovetas*. Le lieu s'éteint dans la mer d'Okhotsk, en Sibérie orientale. Parce que quatre-vingt-dix pour cent des zones de pêche mondiales leur sont aujourd'hui interdites par la limite exclusive des deux cents milles, les pêcheurs se tournent vers les grandes profondeurs pour exploiter de nouvelles espèces. On sait bien peu de chose sur l'écologie de ces milieux abyssaux ; mais, dans la mesure où les eaux y sont froides, les cycles de reproduction y sont aussi très lents. Le grenadier orange a été introduit sur les marchés du monde entier après la généralisation des deux cents milles. Il a aussitôt acquis une telle popularité qu'on en a sorti jusqu'à cinq tonnes par heure des grands fonds proches de la Nouvelle-Zélande. En 1995, les prises étaient devenues quasi inexistantes.

L'effondrement de l'Union soviétique a remis en cause bien des accords sur la pêche. La Russie est devenue un grand pays morutier — à tel point que la morue est désormais synonyme de « monnaie » pour les pêcheurs russes de la mer de Barents. La raison pour laquelle les Canadiens se sont mis à acheter de la morue russe traitée en Norvège, c'était que la Russie avait inondé le marché norvégien.

L'océan Atlantique étant, de longue date, surexploité par les Européens, l'effort de pêche s'est tourné vers le Pacifique, où se sont mis à travailler non seulement les énormes flottes du Japon, de la Russie, des États-Unis et de la Corée, mais aussi celle de la Chine, laquelle (sans aucune expérience de la coopération internationale) a considérablement accru sa puissance de pêche.

Remplacer les pêcheries de l'Atlantique par celles du Pacifique est une vieille idée. La morue du Pacifique fut une des raisons pour lesquelles les États-Unis achetèrent l'Alaska aux Russes, en 1867. Mais, parce que les principaux marchés se trouvent loin, le long des côtes atlantiques, la morue du Pacifique n'a jamais connu le succès de sa cousine de l'Atlantique. En 1890, on débarqua quand même un demi-million de morues du Pacifique. En 1897, un livre écrit par l'érudit américain James David Butler suggéra que, grâce à cette alternative offerte par la morue du Pacifique, l'unique pomme de discorde entre les États-Unis et le Canada — la pêche à la morue, justement — pourrait perdre de l'importance, et que la voie serait désormais dégagée pour « une éventuelle union avec le Canada ».

Mais la morue du Pacifique n'est pas le même poisson. Sa chair est moins prisée. Elle ne migre pas, et ne semble pas vivre plus de douze ans. Plus important : les chiffres de ses prises n'ont jamais approché ceux de sa cousine atlantique. À la place, le lieu aux yeux vairons devint l'espèce la plus recherchée du Pacifique Nord, « la morue de notre temps », comme dit, un jour, un employé de la Gorton. Cet animal fut victime d'une telle surpêche que, non seulement ses populations, mais aussi celles de ses prédateurs (comme les lions de mer et plusieurs espèces d'oiseaux marins), déclinèrent de façon dramatique à partir du milieu des années 1970.

L'écologie marine est complexe, et ses facteurs étroitement imbriqués. Lorsque, dans la mer du Nord, de gros navires-usines surpêchent les lançons et d'autres menus poissons pour les transformer en farine qu'on utilise pour le chauffage au Danemark, non seulement les morues, mais les oiseaux de mer souffrent de disette. En 1986, des troupeaux de phoques arctiques migrèrent vers le sud, jusqu'en mer du Nord, et s'en prirent aux poissons des côtes de la Norvège, simplement parce que la surpêche des capelans dans l'océan Glacial les avait acculés à la famine. Les pêcheurs réclamèrent qu'on élimine les phoques pour « sauver » les pêcheries de la mer du Nord. En 1995, la Norvège et le Canada révisèrent tous deux leur interdiction de la chasse aux phoques, sous prétexte que la population de ces animaux augmentait, et qu'ils dévoraient les morues.

À la fin des années 1950, au Canada, la chasse au phoque était devenue la cible des écologistes. Le prix élevé des fourrures et l'énormité du troupeau de pinnipèdes avaient drainé vers les côtes du Labrador et de Terre-Neuve des théories de chasseurs amateurs, rustres et sans pitié, mais souvent munis d'hélicoptères. En 1964, la colère des amis des animaux fut attisée par un film produit par la société de Montréal Artek, où l'on voyait un bébé phoque être écorché vif. La protestation internationale ne se calma pas quand il fut avéré que l'écorcheur avait été payé par la compagnie de cinéma, et que deux des autres « chasseurs » faisaient en fait partie de l'équipe de tournage. En 1983, après une campagne de pression intense des groupes environnementaux, qui culmina avec le boycott des produits tirés du phoque par la Communauté européenne, le Canada finit par prohiber la chasse aux pinnipèdes, qui était une activité traditionnelle à Terre-Neuve et au Labrador.

Sans surprise, la réouverture de cette chasse, en 1995, se heurta à la condamnation nationale et internationale des écologistes et des associations de défense des droits des animaux. Les protecteurs des pinnipèdes plaidèrent qu'il n'existait aucun fondement scientifique à la reprise du massacre. Certains nièrent même que les phoques mangeassent de la morue. Avant que la préservation de ces animaux ne devînt une *cause célèbre*, tout le monde savait, à Terre-Neuve, que les phoques dévorent les morues. Dans l'île, le label familier de la société de boissons sans alcool G.H. Gaden, représente un phoque sur un glaçon à la dérive, accompagné de ces deux mots : « *Keep cool* ». Mais, durant le peu politiquement correct XIXe siècle, le phoque tenait une morue dans sa gueule.

Selon le gouvernement canadien, la prohibition de la chasse aux pinnipèdes provoqua le doublement de la population de phoques du Groenland, dont les effectifs atteignirent quatre millions huit cent mille sujets ; lesquels, si l'interdiction n'avait pas été rapportée, eussent peut-être été six millions en l'an 2000. Les phoques consomment de grandes quantités de poissons, et sont particulièrement mal-aimés des pêcheurs parce qu'ils gaspillent. Tout comme le consommateur humain moyen, le phoque gris, le phoque des ports ou celui du Groenland n'apprécient guère les arêtes. Ils déchirent un morceau du ventre délicat de la morue, et négligent le reste. « Les phoques, explique George Rose, n'ont pas besoin de manger un nombre énorme de morues pour exercer un impact considérable. Cela ne veut pas dire que nous devrions déclarer la guerre à ces animaux. Mais il nous faut en contrôler la population. » Un journaliste canadien, rappelant la campagne de Brigitte Bardot en 1977, qui serrait dans ses bras un bébé phoque doux comme une peluche, suggéra que l'actrice française devrait désormais poser sur la banquise en étreignant une morue.

Étant donné l'interdépendance des espèces, la question fondamentale est de savoir si les autres créatures — non seulement les phoques, mais le phytoplancton, le zooplancton, les capelans, les oiseaux de mer et les baleines — voudront bien attendre quinze ans le retour des morues. Il se pourrait que la nature ait encore moins de patience que les politiciens. « Tout ce qui doit arriver arrive, dit Rose ; mais pas nécessairement de la même manière qu'avant. » Si les espèces qui servaient de proies aux morues prolifèrent parce que celles-ci ne sont plus là pour les dévorer, d'autres créatures risquent de s'en mêler. Si ces intrus réussissent à s'implanter, il peut se faire qu'il n'y ait plus jamais assez de nourriture pour entretenir à nouveau une population nombreuse de morues. Certains biologistes craignent que les raies, les roussettes ou d'autres petits requins de ce type, ne s'apprêtent à investir la place.

Au reste, une cousine indésirable a déjà fait son apparition : la morue arctique *(Boreogadus saida)*. Elle n'est peut-être pas néfaste pour l'écologie marine en général, mais elle constitue une mauvaise nouvelle pour les pêcheurs. La morue arctique mesure vingt centimètres de longueur et, jusqu'à présent, n'a pas acquis une grande valeur commerciale. Parce qu'il s'agit d'une plus petite espèce que la morue de l'Atlantique, les adultes n'entrent pas en compétition pour la nourriture ; les juvéniles, oui. Pis encore : la morue arctique dévore les œufs et les larves des morues de l'Atlantique...

La morue arctique n'est qu'une parmi d'autres espèces nordiques qui, depuis que la morue de l'Atlantique se raréfie, semblent avoir accru leur aire de répartition vers le sud, dans les eaux de Terre-Neuve et du Labrador. Le crabe royal et une crevette ont tiré profit de la situation. Traditionnellement, à Terre-Neuve, la pêche au crabe était considérée comme une activité socialement subalterne, méprisée des pêcheurs. Mais les marchés asiatiques pour le crabe royal sont extrêmement lucratifs, et des Terre-Neuviens s'enrichirent grâce à ce crustacé au milieu des années 1990. En 1995, la valeur des crabes royaux capturés atteignit, en dollars, le chiffre le plus considérable qui se soit vu dans la longue histoire de la pêche à Terre-Neuve.

Les scientifiques ne sont pas certains de comprendre pourquoi ces espèces nordiques se sont déplacées vers le sud. L'absence des morues de l'Atlantique, qui dévorent crevettes et crabes, expliquerait l'arrivée de ces derniers. Mais pas l'invasion des morues arctiques. Il n'est pas impossible que la cause ultime soit à rechercher dans un refroidissement des eaux, ces dernières années.

Mais Rose, qui a embarqué pour étudier les morues atlantiques du stock nordique, déclare : « Les pêcheurs sont témoins d'étranges phénomènes, qui constituent autant de signes que tout n'est pas en ordre. » Les morues se sont mises à atteindre leur maturité sexuelle plus jeunes et plus petites qu'auparavant. Désormais, on voit frayer de petits individus de quatre ans. Ce n'est pas tout à fait une surprise : lorsqu'une espèce se trouve en danger d'extinction, il arrive qu'elle avance l'âge de sa maturité sexuelle. La nature reste focalisée sur la survie. Rose note aussi que certaines morues ont été vues en train de pondre dans des mers à moins de un degré Celsius, alors que l'espèce a toujours été supposée migrer vers des eaux plus chaudes pour frayer. Les pêcheurs rapportent d'autres aberrations : par exemple, ils ont observé des morues dans des régions où personne n'en avait jamais rencontré ; ou à des profondeurs inhabituelles ; ou à des températures indues ; ou à des moments de l'année surprenants.

Peut-être encore plus préoccupant : les études de Rose concluent que la population nordique de morues a cessé de migrer. Ces animaux effectuaient normalement un voyage saisonnier de près de cinq cents milles. Rose pense que, après 1992, les survivants se sont rapprochés des côtes et y sont restés. Le biologiste ignore la raison de ce comportement, mais il émet l'hypothèse que de vieux poissons conduisaient jadis la migration ; celle-ci cessa quand ils ne furent plus là. Il est également possible que la morue migrât, autrefois, parce qu'elle avait besoin de nourriture et d'espace pour frayer. Avec une population si réduite, le voyage n'était plus indispensable.

Quelle que soit la façon dont on les aborde, les obstacles demeurent. L'un des plus grands qui s'opposent à la reconstitution des réserves de morues de Terre-Neuve, consiste en une sorte de dénégation collective quasi pathologique de ce qui s'est passé. Les habitants de l'île semblent prêts à admettre n'importe quelle explication, sauf celle selon laquelle ils ont assassiné la générosité de la nature. Un journaliste canadien a publié un article dans lequel il soulignait que la morue avait disparu de Terre-Neuve à peu près à la même époque que les populations norvégiennes commençaient à se reconstituer. Il semblait clairement entendre que le stock nord-américain avait fait ses bagages et migré vers la Norvège.

L'homme se plaît à voir la nature et l'évolution comme des réalités séparées de ses propres actes. Il y aurait le monde naturel, et il y aurait l'homme. Mais l'homme appartient, lui aussi, à l'univers de la nature.

Il incarne un prédateur féroce, qui joue son rôle dans l'évolution. Si la morue, l'églefin et d'autres espèces ne peuvent survivre parce que l'homme les anéantit, quelque chose de mieux adapté prendra leur place. La nature — pragmatisme ultime — cherchera par la ruse une solution qui fonctionne.

Or, comme le démontre le cafard, ce qui marche le mieux dans la nature n'est pas forcément ce qui nous plaît le plus.

LES DÉBUTS PARISIENS DE LA MORUE FRAÎCHE SALÉE

« La morue est si belle ! Ah ! la façon dont sa chair se détache en feuilles blanches ! »

Alain Senderens

Devenu star depuis qu'il a ouvert son premier restaurant à Paris, à peine âgé de vingt-neuf ans, Alain Senderens incarne un génie de la cuisine, avec un vrai talent pour le marketing et un esprit à la fois curieux et contemplatif. Peu de personnes ont autant réfléchi sur la nourriture que lui.
En 1972, comme chef (« celui dont on parle ») de son nouveau restaurant, *l'Archestrate*, Senderens eut l'une de ses nombreuses idées iconoclastes : servir de la morue fraîche, autrement dit du cabillaud. Jamais, auparavant, ce mets n'avait été proposé dans un établissement haut de gamme du pays. Comme la morue salée, nombre de grands cuisiniers français ont leurs racines dans les provinces du Midi, et Senderens est du Sud-Ouest. La morue salée avait, petit à petit, fait son chemin, du statut de plat de paysans à celui d'élément de la grande tradition culinaire française. Mais pas la morue fraîche.
Alain Senderens créa une recette de morue fraîche et l'inscrivit sur sa carte sous le nom de « cabillaud rôti ». Personne n'en commanda. Le chef supprima le mot « cabillaud » et le remplaça par « morue fraîche ». Ce fut un succès. Voici la recette.

Les eaux dangereuses de la résistance de la nature

MORUE FRAÎCHE RÔTIE

4,250 kg de morceaux de morue avec la peau
750 g de poivron vert coupé en dés
1,5 kg de poivron rouge coupé en dés
1,5 kg de champignons coupés en tranches
500 g de tomates écrasées
20 échalotes émincées
10 gousses d'ail émincées
20 filets d'anchois en tranches
10 aubergines rôties pendant quatre heures au four à 60 °C
3 zucchinis coupés en julienne

1. Mélangez l'huile d'olive, les échalotes, l'ail et les anchois. Ajoutez le poivron vert et le poivron rouge, ainsi que les tomates. Cuisez jusqu'à évaporation du liquide. Ajoutez ensuite les aubergines rôties et écrasées, ainsi que les champignons. Faites cuire quelques minutes, et réservez.
2. Faites frire les juliennes de zucchinis.
3. Faites revenir à la casserole les morceaux de morue, la peau en dessous. Terminez la cuisson au four.
4. Disposez sur les assiettes.

Alain Senderens, cuisinier, Paris

13

L'Armada espagnole à l'ancre

> « Confinés dans les limites de Field Lane, il y avait le barbier, le café, le comptoir à bière et le magasin de poisson frit. »
>
> Charles Dickens,
> *Oliver Twist*, 1837-1838.

Dans une Grande-Bretagne qui a vu maintes de ses précieuses traditions assiégées, l'une des questions dont on débat avec la plus étonnante fréquence est celle de la perpétuation de l'authentique *fish-and-chips*. Le « poisson-frites »... « Il nous faut prévoir un temps où nous ne pourrons plus nous procurer la moindre belle pièce », regrette Maureen Whitehead, qui tient avec son mari le fameux magasin de *fish-and-chips* Polsloe Bridge, à Exeter, dans le comté aux vertes collines à l'est du Devon. Comme tous ceux qui connaissent bien la morue fraîche, Maureen a compris l'importance de la grosseur des poissons. « Si on ne laisse pas grandir les petits, ajoute-t-elle, on sait ce qui arrivera. »

Pour la plupart des membres des classes laborieuses britanniques — sinon tous —, « poisson » veut dire « morue ». Dans le Yorkshire, cependant, le mot signifie « haddock » (« églefin »). La chaîne de *fish-and-chips* Harry Ramsden, fondée en 1928, à Guiseley, près de Leeds, a bâti depuis plus de soixante ans sa réputation sur le haddock frit. Mais, en 1990, quand la société Ramsden s'implanta dans le sud de l'Angleterre, elle fut contrainte de se tourner vers la morue. Sauf à Londres, rien d'autre ne saurait être accepté dans le sud de l'Angleterre.

Lorsque Dickens décrit un repaire de bandits dans une ruelle de la capitale anglaise, il y inclut les éléments essentiels d'un quartier commerçant ouvrier. Le marché londonien du poisson frit commença avec la révolution industrielle de 1830. Les marchands juifs d'East End et de Soho faisaient frire le poisson et le proposaient dans leurs échoppes des décennies avant qu'on y adjoigne les pommes de terre coupées. Le poisson était (et reste) ce qui se vendait le mieux au marché de Billingsgate : morue, églefin, carrelet, merluche, voire raie ou roussette. Au cours des dernières années, la roussette a progressivement pris une grande place dans les boutiques de poissons-frites, mais seuls les commerçants de Londres consentent à le reconnaître. Dans la plus grande partie de l'Angleterre, la disparition de la morue, et notamment de la belle morue, est considérée comme une menace pour le style de vie même.

Newlyn est un port de pêche de Cornouailles — sombre, construit en briques, et qui semble s'écrouler vers ses quais à quelques milles de Land's End, la pointe occidentale extrême de l'Angleterre dans la mer. David Jewell y tient une boutique de *fish-and-chips*. Il avoue qu'il ne peut pas toujours y servir du *vrai* poisson. Le poisson-frites, le plat le plus souvent proposé aux ouvriers, doit être offert à un prix raisonnablement bas. Le coût exorbitant de la morue oblige à proposer, à la place, du lieu ou du merlan. Et le plus britannique des mets n'est, souvent, plus guère d'origine britannique. Fishy Moore, l'une des plus anciennes friteries d'Angleterre, fondée à Coventry en 1891, a laissé tomber la morue anglaise. Au beau milieu des Midlands, Coventry se trouve aussi loin à l'intérieur des terres qu'il est possible en Angleterre. Depuis quatre-vingts ans, la famille Moore devait se rendre chaque matin en train à Skegness, de l'autre côté du pays, afin d'y acheter de la morue fraîchement débarquée. En 1968, la famille a vendu la boutique. Le propriétaire actuel, Shaun Britton, que son père initia aux affaires, déclare : « Il devient quasi impossible de se procurer de la bonne morue britannique. Ce qu'on voit sur les quais a déjà passé trois jours sur un bateau. » Fishy Moore achète maintenant de la morue congelée en provenance d'Islande, de Norvège, parfois des îles Feroë.

S'il existe quelque chose qui soit aussi basique et populaire que le poisson frit dans les rangs de la classe laborieuse britannique, c'est bien la xénophobie. L'idée que les étrangers pourraient priver les travailleurs du pays de leur morue est politiquement détonante. Pour les pêcheurs britanniques, comme pour la majorité du peuple, c'est exactement ce qu'a fait la Communauté économique européenne — aujourd'hui, l'Union européenne. Cet argument, bien entendu, revient à nier la longue histoire de la surpêche pratiquée par les Britanniques. Ainsi que le fait suivant : les redoutables superchalutiers espagnols, à présent si universellement dénoncés, furent une invention anglaise. Le droit de libre accès à la mer pour les pêcheurs, ce principe pour lequel les Britanniques se battirent en déployant une si brillante rhétorique quand il s'agissait des eaux d'Islande, fut, d'une façon ou d'une autre, oublié par Londres chaque fois que Bruxelles suggéra qu'un partenaire européen pourrait avoir un droit du côté de la Grande-Bretagne.

Selon le gouvernement britannique, soixante-dix pour cent des espèces présentes dans les eaux nationales sont surpêchées. En mer du Nord, les prises ont chuté de deux cent quatre-vingt-sept mille tonnes en 1981, à quatre-vingt-six mille en 1991. Comme cela se passe pour le stock nordique du Canada, les morues britanniques atteignent aujourd'hui leur maturité sexuelle avant l'âge normal de trois à cinq ans, et les gros sujets deviennent rarissimes.

Dans les années 1990, tandis que les pêcheries de la mer du Nord étaient en crise, le théâtre des opérations se déplaça en mer d'Irlande. Très vite, la Commission internationale pour l'exploration des mers (C.I.E.M.), qui avait, depuis des années, lancé des avertissements sur la diminution des populations de poissons en mer du Nord, commença de décrire une situation similaire dans ce que les Britanniques appellent l'« *Irish box* ».

Au sein de l'Union européenne, la question de la pêche est réglée par une bureaucratie peu appréciée, et connue sous le nom de « Politique commune de la pêche ». Dans chaque pays, chaque bateau se voit affecter un quota de prises par espèce, pour chaque zone de l'océan et par mois. La preuve a largement été faite que ce système n'est pas capable d'enrayer le déclin de la morue et des autres espèces à valeur commerciale. Dans le mécanisme de décision, la politique et le nationalisme jouent souvent un bien plus grand rôle que le souci de la conservation. Depuis de longues années, par exemple, les scientifiques et les ministres européens s'accordent à dire que la merluche est si menacée qu'il faudrait en réduire les quotas de quarante pour cent. Cependant, lors de chaque rencontre interministérielle annuelle, les Espagnols, pour lesquels la merluche représente un aliment de base, exercent leur *lobbying* pour reconduire le chiffre de prises. La réduction n'est jamais acceptée.

En décembre 1994, lors de l'une de ces réunions des ministres européens, la Politique commune de la pêche accepta de laisser travailler quarante bateaux espagnols en mer d'Irlande. Après avoir eux-mêmes surpêché cette zone avec leurs chalutiers pendant quarante ans, les pêcheurs de Cornouailles et du Devon eurent enfin quelqu'un à accuser de l'effondrement de leurs réserves de morues !... Avant même l'arrivée des quarante navires ibériques, le mot « Espagnol » sembla ne plus se former que de façon inamicale sur les lèvres des natifs du sud-ouest de l'Angleterre. Maureen Whitehead, dans sa boutique de *fish-and-chips* d'Exeter, sut enfin qui condamner pour le fait que ses quartiers de morues eussent désormais l'air si mince. « Il n'y aura plus jamais de beaux morceaux épais, avertit-elle, si les Espagnols viennent tout nous prendre. »

Dans cette lointaine Cornouailles verte et parfumée, à la végétation luxuriante que le Gulf Stream réchauffe, l'obsession des Espagnols monta d'un cran. Les relations entre les Européens se sont souvent embourbées dans l'histoire. Les Espagnols n'ont jamais eu bonne réputation dans le coin. Les habitants de la Cornouailles se rappellent, sans avoir pardonné, que, bien longtemps avant les deux terribles guerres mondiales contre les Allemands, et avant des siècles de batailles contre les Français, les détroits de Newlyn, étroits et pentus, ont été pillés par des Espagnols en maraude sur leurs galions. Or, voilà qu'ils allaient revenir !

Les Espagnols possèdent la flotte la plus massive en Europe, mais presque aucun banc de pêche à lui offrir. Ils constituent une cible toute trouvée pour leurs concurrents de l'Atlantique. On mentionne rarement qu'ils ont aussi le marché le plus actif, à cause de leur exceptionnelle consommation de poisson *per capita*. Durant des siècles, des pèlerins de la Nouvelle-Angleterre aux Islandais nouvellement indépendants, les pêcheurs de l'Atlantique ont vécu grâce aux marchés ibériques.

Les Espagnols ne débarquent plus que de rares morues. Même les Basques, qui inaugurèrent cette pêche... Les sociétés géantes de *bacalao* possédaient leurs propres flottes de chalutiers, amenaient au port leurs morues déjà salées sur les bancs, les séchaient puis les vendaient. Mais ces entreprises ont toutes fermé. À Bilbao, il y avait la grande compagnie Trueba y Pardo. Dans le port de Pasajes, à San Sebastian, régnait la P.Y.S.B.E. — Pesquerias y Secadores de Bacalao de Espana (« Pêcheries et Séchages de Morues d'Espagne ») —, fondée en 1926. Toutes deux ont mis la clé sous la porte dans les années 1960. Outre ses pêcheurs et ses dockers, la P.Y.S.B.E. employait environ cinq cents personnes, rien qu'au nettoyage et au séchage des poissons. La Trueba y Pardo avait embauché deux cents nettoyeurs. Ces travailleurs étaient, en fait, quasi uniquement des travailleuses, avec un salaire de misère. Ces femmes passaient par exemple leurs journées à ôter la membrane gris sombre qui forme l'enveloppe des viscères des poissons. Tâche peu passionnante, que les sociétés rétribuaient à peine. Chaque ouvrière devait traiter une tonne de poisson par jour. Après quoi, on faisait sécher les morues à l'air libre dans les montagnes. En versant des salaires décents, ou en intéressant leur personnel aux bénéfices, les compagnies n'auraient pas pu supporter la lourde charge financière.

Lorsque la limite des deux cents milles fut imposée, les Basques perdirent la plupart de leurs accès traditionnels aux bancs de morues. En 1986, à l'époque où l'Espagne entra dans la Communauté européenne, les eaux de la C.E.E. n'hébergeaient presque plus de gadiformes. En 1990, seuls quelques très vieux chalutiers furent armés pour la pêche à la morue dans les ports basques.

Les banques et les services financiers qui s'étaient implantés à Bilbao et à San Sebastian, parce que c'étaient là des centres de commerce, continuèrent d'être florissants. Dans cette ambiance de négoce, les Basques changèrent de rôle : au lieu de débarquer et de traiter leur propre morue, ils se firent importateurs.

À quelques kilomètres en amont de Bilbao, sur la rivière Nerbioi, dans la ville d'Arrigorriaga, le bureau d'Adolfo Eguino donne sur les pentes verdoyantes des montagnes basques. Les fenêtres en sont protégées par des grilles de fer forgé, en forme de morues salées évidées. Eguino est le directeur de la Baisfa, l'une des plus grosses sociétés basques de *bacalao*. Ce petit homme cinquantenaire, à l'air tenace, a des manières bourrues qui séduisent plus qu'elles n'offensent. Il a grandi dans la ville de

Portugalete, petite cité tournée vers la mer, et dont le nom signifie « Port aux Galions ». Certains des anciens pillards de Newlyn pourraient être nés par ici... Jeune garçon, Eguino n'aimait guère l'école, qu'il laissa tomber à l'âge de quatorze ans pour lancer sa propre affaire. Il se spécialisa dans la vente du *bacalao* aux petits magasins d'alimentation, notamment à ceux qui faisaient partie de la chaîne que possédait son père. C'est de cette façon qu'il en vint à connaître les gens de la P.Y.S.B.E. et de Trueba y Pardo, et qu'il trouva dans ces sociétés six partenaires pour fonder la Baisfa. Celle-ci importe aujourd'hui d'Islande la totalité de sa morue salée, soit mille cinq cents tonnes par an. En 1994, les Islandais cessèrent de livrer la marchandise par bateau. Au lieu de cela, ils envoyèrent leur morue salée à Rotterdam, d'où on la chargea sur des camions pour l'amener à destination. Cela signifia que, plutôt que de recevoir une énorme cargaison par bateau, de temps à autre, un conteneur arriva régulièrement chaque semaine en Espagne. « Le secret de la bonne morue salée, confie Eguino, est qu'elle ne doit pas passer trop de temps dans un bateau. »

Malgré tout, d'une certaine façon, les habitants de la Cornouailles et de la majeure partie de l'Angleterre restent convaincus que les Espagnols viennent leur prendre toutes leurs morues... En réalité, les Ibériques seraient plus attirés par la perspective d'attraper toutes les merluches. Mais, parce que la morue incarne ce qui importe vraiment aux yeux des Anglais, il s'ensuit que la morue seule devrait intéresser les Espagnols !

Newlyn ne ressemble pas aux deux villes de la Cornouailles qui l'entourent : Penzance et Mousehole. Celles-ci sont des lieux de résidence, où les vacanciers britanniques pratiquent ce passe-temps tout britannique qui consiste à arpenter les plages et les chemins, emmitouflé dans un tricot et un cache-nez. Newlyn est un vrai port de pêche — mais, de plus en plus, un port de pêche inactif. Dans les années 1990, les longues jetées au bas de la ville où les chalutiers venaient jadis s'amarrer, ont vu l'un après l'autre leurs bateaux être désarmés, puis vendus en pièces détachées. Dans son effort pour réduire la taille de la flotte britannique, le gouvernement paya les pêcheurs à détruire leurs propres navires. Mais, en Cornouailles, il n'y avait aucun autre travail à espérer que la pêche. Mike Townsend, directeur exécutif de la Cornish Fish Producers Organization (« Organisation des producteurs de poisson de Cornouailles »), résume ainsi la situation des professionnels locaux : « Il n'existe rien d'autre, par ici. S'ils n'attrapent pas de poissons, les pêcheurs se retrouvent au chômage ; mais, s'ils continuent d'en prendre assez pour gagner leur vie, le poisson disparaît. »

William Hooper, cinquante-cinq ans, barreur corpulent du cent trente-cinq pieds *Daisy Christiane*, ajoute : « Si les autorités prennent la décision de désarmer ce bateau, je n'aurai même plus de quoi m'acheter des bonbons ! Les réserves de poissons diminuent lentement, mais sûrement. Pour compenser, nous n'avons pas d'autre issue que d'utiliser des bateaux encore plus gros, avec des filets encore plus grands, c'est-à-dire en augmentant nos dépenses, mais en n'attrapant même pas ce que nous prenions voilà dix ans... »

Hooper embarqua pour la première fois en 1955, à une époque, dit-il, « où l'on avait du poisson jusqu'aux genoux parce qu'on l'avait très peu pêché pendant la guerre ». Il ne pourrait plus gagner sa vie sur un quarante pieds comme celui qu'il avait alors. De nos jours, il a le statut de pêcheur actionnaire et travaille sur un chalutier qui appartient à une société. Comme le reste de l'équipage, il travaille dur pour toucher un pourcentage de la vente des prises. Aucun pêcheur artisanal ne pourrait supporter le coût du carburant et de la maintenance d'un navire assez puissant pour haler deux filets de cinq tonnes — la taille minimale pour remonter la quantité de poissons qui garantit la rentabilité de la campagne.

Il existe une tendance croissante, parmi les pêcheurs britanniques, à considérer que la Politique commune de pêche a fait faillite, et qu'il vaudrait mieux s'en retirer. Mike Townsend fut l'un des porte-parole de ce mouvement. « Nous avons une seule chose à dire, déclare-t-il : ça suffit ! Nous ne gérons plus nos ressources de façon durable. » L'argument qu'il développe consiste à soutenir que le Royaume-Uni serait meilleur gardien de ses eaux que l'Europe.

Un débat fait rage autour de l'outil essentiel de la gestion de la pêche : les quotas. Ceux-ci sont basés sur les tentatives de contrôle des populations de poissons, proposées par la Commission internationale pour l'exploration des mers (C.I.E.M.). Si les poissons de fond disparaissent, les pêcheurs devraient moins les pêcher ; tout en augmentant leurs captures d'espèces plus petites, dont les premiers se nourrissent. À travers ce système, l'homme tente de réajuster artificiellement l'équilibre de la nature, sans pour autant interdire aux pêcheurs de gagner leur vie.

Mais l'estimation des ressources disponibles est basée sur les tonnages de poissons débarqués et apportés aux marchés, et non sur les chiffres de prises réelles. Le nombre de poissons remontés dans les filets est plus proche du nombre objectif d'animaux tués. Au moins quarante pour cent de ces derniers sont, en effet, immédiatement rejetés à la mer — la plupart étant déjà morts. Les bateaux de pêche reçoivent par radio, en pleine mer, les cours des marchés. Si les prix s'effondrent pour telle ou telle espèce, le patron préférera jeter ses prises par-dessus bord. Townsend, comme bien d'autres, pense que les quotas n'ont aucun rapport avec les réserves réelles de poissons. Il éclate de rire quand on le questionne sur la disparition de la morue. « Pour nous, dit-il, la morue devient une vraie plaie. Nous ne savons plus qu'en faire ! » Mais les pêcheurs comme Hooper ne sont pas d'accord. Selon ce dernier, même si l'on a observé quelques remontées momentanées, les populations sont bel et bien en déclin.

En 1995, le ministre canadien des Pêches, Brian Tobin, proposa une divertissante illustration de la complexité des questions de la pêche. Il fit arraisonner un chalutier espagnol, le *Estai*, confisqua le bateau, son matériel et ses prises. Le *Estai* fut mis sous séquestre une semaine, le temps que les autorités canadiennes de la pêche farfouillent dans les trois cent cinquante tonnes de poissons du bord, afin de prouver que le capitaine avait violé les règlements de protection de l'Atlantique Nord. Armé de photographies de halibuts (ou turbots) du Groenland de trop petite taille, que le *Estai* avait capturés dans la zone internationale des Grands Bancs, ainsi que d'un filet aux mailles trop petites que les Espagnols avaient jeté par-dessus bord, mais qu'on avait récupéré, Tobin vint témoigner devant les Nations unies, à New

York. Il y délivra un discours provocant, affirmant que le Canada avait l'intention de continuer à arraisonner les chalutiers espagnols, et à couper leurs filets, jusqu'à ce qu'un code international de conservation fût adopté, concernant les eaux situées au-delà de la zone canadienne des deux cents milles. Il poursuivit en indiquant que le Canada tenait à adopter une position très humble, et qu'il reconnaissait sa propre culpabilité dans la surpêche passée. Il ajouta que son pays n'était pas fier de se conduire comme il était contraint de le faire — une ornementation rhétorique dont s'empara la presse canadienne. Le *Toronto Star* écrivit : « Tobin s'est, en l'occurrence, montré passablement faux-jeton. Les Canadiens sont fiers, et même joyeux, de voir l'un de leurs politiciens se dresser pour faire quelque chose contre l'un des désastres écologiques mondiaux. En ce sinistre temps où tout a un prix, son langage coloré et ses flamboyantes manchettes en ont fait le roi de la ville ! »

Tobin traita les capitaines espagnols de « pirates des frayères ». Clyde Wells, le Premier ministre de Terre-Neuve, brandit les photographies de poissons trop petits en accusant les pêcheurs ibériques de mentir et de frauder. Les garde-côtes canadiens continuèrent à chasser les chalutiers espagnols hors du secteur international des Grands Bancs. Lorsque l'un d'eux y revenait, ils copiaient les méthodes des garde-côtes islandais, et tranchaient son filet. Les Canadiens furent très heureux. Les Britanniques furent très heureux. À Newlyn, on hissa le drapeau à feuille d'érable du Canada. De Terre-Neuve au Rhode Island et à la Cornouailles, les pêcheurs approuvèrent. Aux élections de 1996, Tobin remporta une éclatante victoire avec les libéraux, et devint Premier ministre de

Terre-Neuve. Les Européens eurent aussi leur victoire. Emma Bonino, commissaire de l'Union européenne pour la Pêche, déclara que le ministre de la Pêche canadien était un authentique pirate, et dénonça le Canada pour ses actes irresponsables, qui avaient mis en danger la vie de pêcheurs espagnols en haute mer. Les Canadiens relâchèrent gentiment les hommes, leur bateau et leur matériel. Les Espagnols, qui devaient aussi penser à leur électorat, menacèrent de poursuivre en justice le Canada. Politiquement, l'incident se transforma en victoire pour tous les belligérants.

À Petty Harbour, Sam Lee conclut : « C'était beau à regarder, mais ça ne faisait pas vrai. C'était comme au cinéma. »

Pour les pêcheurs de Cornouailles, ce fut une justification supplémentaire de leur combat vital contre les Espagnols. William Hooper en rajouta : « Le plus gros problème que nous ayons, ce sont les Espagnols. » On lui demanda comment toute la faute pouvait incomber aux Espagnols, dans la mesure où ils étaient nouveaux venus dans la contrée, tandis que les prises diminuaient depuis quarante ans. Hooper réfléchit une minute et trancha : « Exact. C'est parce que les Écossais faisaient aussi de la surpêche ! »

BACALAO, NATIONAL ET INTERNATIONAL

Bacalao a lo comunista
(Bacalao à la communiste)

Découpez la morue salée en fins filets. Passez-les dans la farine, puis faites-les frire. Dans un plat à rôtir, disposez une couche de morue salée, puis une couche de pommes de terre en tranches, avec du parmesan. Couvrez d'une sauce béchamel et faites gratiner au four.

El Bacalao,
les recettes de la P.Y.S.B.E.
(Pêcheries et Séchages de Morues d'Espagne),
San Sebastian, 1936

Bacalao bandera espanola
(Bacalao drapeau espagnol)

Choisissez la meilleure morue salée. Faites-la bouillir, ôtez la peau, divisez la chair en flocons, et mettez-les dans un plat de service.
Faites une excellente mayonnaise avec de l'ail. Étalez cette dernière sur la morue salée, que vous recouvrirez entièrement, et sur toute la largeur du plat. En haut

et en bas dudit plat, disposez une bande de poivrons rouges, rôtis ou frits. De cette façon, vous obtiendrez les couleurs (rouge, jaune, rouge) du drapeau espagnol. Chaque bande de poivrons doit avoir la moitié de la largeur de la bande de mayonnaise.

Alejandro Bon,
Leonor, cuisine supérieure,
Barcelone, 1946.

14

L'Armada canadienne à l'ancre

« Le temps viendra forcément où cette côte se transformera en un lieu de villégiature pour les habitants de la Nouvelle-Angleterre qui ont envie de visiter le bord de mer. »

Henry David Thoreau,
Cape Cod, 1851.

De nos jours, Gloucester a plus de points communs avec son voisin du cap Ann, Rockport, que Newlyn avec Mousehole. Rockport est une jolie petite ville, avec un adorable petit port empli de yachts de luxe. Les boutiques du front de mer vendent des équipements et des casse-croûte pour « les habitants de la Nouvelle-Angleterre qui ont envie de visiter le bord de mer ». Gloucester aurait pu être le frère de Newlyn. C'est une cité de pêche âpre et en pente. Les belles maisons anciennes de bois des marchands regardent l'océan depuis le haut de la colline, tandis que les immeubles de brique des XIXe et XXe siècles (le vieux style « col-bleu » de la Nouvelle-Angleterre) dominent la partie basse, autour d'une côte bien abritée et active. Des chalutiers de fond, quelques longues-lignes, des chalutiers maillants et des embarcations pour la pêche au homard s'alignent contre les quais. Tôt le matin, ils mettent le cap au large (à vrai dire, bien peu le font aujourd'hui), et reviennent vers seize heures, suivis d'un cortège de mouettes. Ils tracent leur route vers les docks des sociétés de produits marins, où ils déchargent leurs prises. Ces sociétés sont petites. La vieille compagnie Birdseye, devenue Postum, puis General Foods, fut ensuite vendue à la O'Donnell Usen, laquelle déménagea en Floride. Les sociétés de produits de la mer n'ont, en réalité, plus besoin d'être basées dans des ports de pêche. Le poisson leur arrive en conteneurs, le plus souvent congelé en plein océan. La Gorton est toujours à Gloucester : c'est la plus grande usine et la plus grosse enseigne. Mais elle n'a plus acheté un poisson à un pêcheur local depuis des années. Elle n'achète d'ailleurs plus à personne aucune morue de l'Atlantique. En 1933, avec l'invention de la machine à débiter les filets, le saumon (un poisson qu'autrefois les pêcheurs rejetaient par-dessus bord) devint une prise majeure. En 1951, il représentait soixante-dix pour cent des débarquements de Gloucester. Cependant, une fois encore, en 1966, la Gorton acheta son dernier saumon à Gloucester. Elle ferma son usine édifiée sur ce qu'on appelait le « quai du Saumon ».

Vers le milieu des années 1990, la ville comptait encore environ quatre cents pêcheurs en activité. Quarante ans plus tôt, ils étaient deux mille. La flotte de Gloucester avait le défaut fatal d'être pittoresque. Elle comptait trop de vieux chalutiers en bois, que les compagnies d'assurances ne voulaient plus couvrir ; trop de vieilles unités à coque de fer rouillée ; et trop de chalutiers à filet maillant sous-dimensionnés. Tous ces navires donnaient une allure superbe au vieux port, mais cela signifiait aussi que la flotte de Gloucester n'était pas moderne. Reste à se demander si la modernisation constitue une voie d'avenir...

Le Conseil pour la gestion de la pêche en Nouvelle-Angleterre fut chargé d'une mission qui consistait à empêcher la flotte de vider les derniers fonds locaux. Le Magnuson Fisheries Conservation and Management Act, de 1976, avait étendu la zone d'intérêt économique exclusif des États-Unis à deux cents milles de la côte et fixé des règles de régulation et de gestion. Mais le Conseil était dominé par les intérêts particuliers. Les pêcheurs n'ont jamais été de bons régulateurs de leur propre activité. Ils ont même été virtuellement encouragés à ne pas l'être par des prêts garantis et d'autres incitations financières, qui aboutirent à la croissance massive de la flotte de pêche américaine. En 1994, quand le Service national des pêches maritimes recensa les réserves de poissons, il conclut que cette flotte était environ deux fois trop grande pour que les stocks pussent durer. L'étude montra, entre autres, que la population de morues du banc Georges ne s'établissait plus qu'à quarante pour cent de ce qu'elle était en 1990. Cette baisse brutale n'avait jamais été mesurée auparavant dans les parages. « L'attention de la Commission des pêches de Nouvelle-Angleterre fut enfin attirée, raconte Ralph Mayo, du Service national des pêches maritimes ; et c'est ainsi que des mesures plus sévères purent être édictées. »

Chaque bateau vit limiter à cent trente-neuf jours

par an son temps d'activité sur les fonds. Le but était de ne prendre, en une année, que quinze pour cent des réserves disponibles. Mais lorsque, en 1996, on calcula que, durant leurs cent trente-neuf jours licites, les pêcheurs avaient sorti cinquante-cinq pour cent du stock, il fallut bien restreindre encore le permis. L'autorisation passa à quatre-vingt-huit jours. Ce système de conservation favorise notablement les petits bateaux aux dépens des gros. Le propriétaire d'un grand chalutier dragueur de fonds doit faire face à d'énormes coûts de maintenance, par exemple à environ trente mille dollars d'assurance annuelle. Il ne peut pas supporter que son capital reste inactif deux cent soixante-dix-sept jours par an. La plupart des pêcheurs disaient que, même autrefois, en hiver, lorsque la pêche sur les bancs était bonne, ils préféraient faire équipage sur une petite embarcation que sur un grand chalutier ; car les prises de ce dernier, une fois partagées, étaient trop maigres pour six ou sept hommes. Si la gestion de la pêche réussissait réellement à pousser sur la touche les plus gros bateaux, elle aboutirait à réduire notablement la capacité globale de la flotte. Ce pourrait être une partie de la solution.

Le banc Georges est le seul des Grands Bancs où l'on pratique encore la pêche à la morue. Les Canadiens s'y sont assurés un droit de prise sur une portion qu'on appelle « Northeast Peak », la « pointe nord-est ». Ils travaillent là de juin à décembre. Après 1994, les États-Unis ont fermé leur secteur de la pointe nord-est, mais la partie occidentale du banc est encore exploitée avec quelque succès. Depuis qu'ils sont sévèrement limités par le nombre de journées annuelles consacrées à la pêche sur les bancs, les professionnels de Gloucester se mettent à quémander des aides financières à l'État — du même genre que celles qu'ils avaient obtenues pour construire leur flotte de chalutiers de fonds, juste après l'adoption de la limite des deux cents milles. Ils veulent, à présent, convertir leurs bateaux en chalutiers pélagiques.

Il semblerait que les mers se soient soudain curieusement remplies de poissons *pélagiques* — ceux qui vivent en pleine eau, comme les harengs, les maquereaux ou les menhadens. Parce que ces poissons sont normalement mangés par les morues, dont les populations s'effondrent, les deux phénomènes sont peut-être liés. Mais Ralph Mayo rejette cette hypothèse. Il fait remarquer que le « boum » du hareng date des années 1980, soit avant que la morue ne décline. Du moins, avant qu'on ne prenne conscience de son déclin.

Exactement de la même façon que le ferait une morue, le pêcheur se retourne simplement vers les autres sources de nourriture disponibles. Dans les années 1960, les raies étaient vendues comme appâts aux pêcheurs de homards, au prix d'un dollar le boisseau. Les harengs étaient aussi des appâts bon marché pour les palangriers. Les roussettes étaient considérées comme un fléau par les pêcheurs au filet maillant. La peau rugueuse de ces animaux (qu'on nomme aussi « chiens de mer ») écorchait les mains des hommes. Chaque poisson était difficile à extraire des mailles du filet, si bien que les pêcheurs préféraient trancher le corps au couteau, et balancer par-dessus bord tout ce sanglant gâchis. Dans les années 1990, le hareng, la raie et la roussette devinrent autant d'espèces activement recherchées.

À cette époque, mise sur le marché sous son nouveau nom de « saumonette », la roussette se vendit bien

— quoique encore à bas prix — à l'exportation vers l'Europe et l'Asie. Vers le milieu des années 1990, il ne parut plus guère vraisemblable que ce poisson occuperait la niche écologique de la morue dans la chaîne alimentaire marine, pour la simple raison que ce petit requin était déjà quasiment surpêché. Les requins ne sont pas des poissons. Au lieu de lâcher chaque année des millions d'œufs, une roussette femelle ne donne la vie que de cinq à dix « bébés ». L'espèce n'est pas biologiquement capable de résister au siège auquel la morue a dû faire face.

Les chauffeurs de camions, les mécaniciens, les dockers, les capitaines de bateaux d'excursion, tous dans la ville de Gloucester sont d'anciens pêcheurs. Tous les travailleurs des docks d'Old Port Seafoods pratiquaient autrefois ce métier. Dave Malloy, la quarantaine, petit, impulsif, est né ici même et a grandi en pêchant avec son père. En 1988, il a laissé tomber. « Je savais que c'était fini, raconte-t-il. J'avais pêché pendant dix-sept ans ; les trois dernières années, je crevais de faim. »

La jetée de béton de Old Port Seafoods possède deux grues de déchargement, avec un petit système de corde et de poulie, et un tambour à moteur pour haler la corde. À l'intérieur d'un bâtiment, un homme et quelques femmes se tiennent devant un compteur en acier inoxydable, et débitent de petites morues en bâtonnets. L'homme est habillé d'une tenue de base-ball des Red Sox. La morue et les Red Sox : deux perdants bien-aimés du Massachusetts !... À chaque extrémité du môle, des chalutiers à coque de fer rouillent à l'amarrage, leurs filets enroulés, suspendus à la poupe, dans l'attente de jours meilleurs.

Schooners dans le port de Gloucester, début du XIXe siècle. (Peabody Essex Museum, Salem, Massachusetts.)

À leur place, de petits bateaux entrent au port avec d'étranges prises nouvelles. Un bateau à filet maillant se présente avec une modeste cargaison de harengs, rapidement ramassés à la pelle, mis à quai, pesés et gardés dans la glace. Quant au bateau suivant, le chalutier de soixante-dix pieds de Russell Sherman, il suffit de noter que les oiseaux ne prennent même pas la peine de l'escorter pour reconstituer son histoire... Même s'ils ne s'intéressent guère aux poissons plats et aux anges de mer, les pêcheurs de la Nouvelle-Angleterre ont récemment appris à les capturer. « C'est rien que du déchet, déclare Russell ; mais, au moins, mon bateau quitte-t-il le quai. Je ne vais pourtant pas gâcher mes journées avec ce genre de bestioles. Je pêche avec des mailles de trois pouces. J'attends l'hiver, et hop ! je mets les mailles de six pouces et je les cherche. Elles. Les morues... Pas la peine de changer de filet jusque-là. »

De pitoyables histoires de ce genre replacent les conversations des pêcheurs sur le thème de la morue. Tandis qu'il actionne un engin pour décharger le bateau de Russell, Dave Malloy lâche : « Vous voulez savoir, pour les morues ? Je vais vous dire. » Il relève la main et fait semblant de chuchoter : « Il n'y en a plus beaucoup ! »

Russell reprend : « Mais non, elles reviennent ! On aurait dû faire ça voilà vingt ans : on aurait aujourd'hui de la morue jusqu'au cul. Oui, il y a vingt ans, on aurait dû utiliser les mailles de six pouces. Comme l'ont fait les Islandais. »

« Je l'ai dit des années avant qu'importe la grossité des mailles ! » (traduction : avant qu'on ne prenne conscience de l'importance de leur taille), affirme un autre marin, dans cet étrange parler qu'on n'entend que sur les côtes sud de la Nouvelle-Angleterre. Cependant que Russell Sherman engage la conversation avec un ancien pêcheur sicilien au sujet de sa bataille pour perdre du poids, Nicki Avelas, un autre ex-pêcheur qui possède des parts dans une société de produits de la mer, se charge du pointage de la petite pêche. Son grand chien jaune suit l'action de près, et trouve quelques bons morceaux à manger. Après que Russell a terminé son déchargement et reçu sa quittance, il passe le pont au jet et déhale.

« À demain ! » dit Dave Malloy, qui lui lance son amarre. Le bateau quitte en roulant le port de Gloucester, et disparaît derrière une rangée de chalutiers de fond désœuvrés, Dave hoche la tête et ajoute : « Ce type n'a pas fait un sou de tout l'été. » On est en septembre.

En attendant le bateau suivant, les uns et les autres

se mettent à ronchonner, comme tout le monde cette semaine à Gloucester, au sujet d'un gros navire-usine russe amarré dans le port. Certes, ce bateau n'a plus le droit de pêcher dans les eaux américaines, mais il y vient pour acheter de la marchandise aux pêcheurs. Malgré leurs récriminations, ces derniers acceptent de vendre. L'un d'eux accuse le navire d'arborer le pavillon rouge avant celui des États-Unis, y compris au port. Il soutient qu'il l'a vu faire, et semble ignorer que le drapeau rouge n'est plus celui de la Russie.

Un chalutier à filet maillant arrive. Cinquante pieds de longueur, trois hommes d'équipage. Son capitaine, Cecil, semble presque aussi large que haut. Ses cheveux blonds sont plus clairs que son visage, hâlé par les intempéries. L'un de ses trois équipiers est son fils, un jeune homme bâti sur le même modèle. Le bateau est sorti en suivant les thoniers, qui rejettent leurs déchets par-dessus bord. Les roussettes cherchent ces restes. Le chalutier a tendu ses filets toute la nuit dans la zone à thons. Il rentre, à présent, le pont encombré de petits requins ensanglantés. Les roussettes ne sont payées que treize cents la livre, dix-sept pour les plus belles. L'essentiel des prises se compose de petites. Tandis que Cecil manie le filin, et qu'un énorme cageot de cette maigre pêche se balance au-dessus de la jetée, quelqu'un s'écrie en plaisantant : « Le voilà, le *fish-and-chips* de Londres ! »

Les hommes de Gloucester prétendent que le thon bleu se porte bien, et que le discours sur sa raréfaction est une galéjade de pêcheur « sportif ». « D'écologiste et de pêcheur sportif, précisent-ils. Une idée d'intello... » On débarque ici assez de thon pour justifier que cet animal soit le logo de la Old Port Seafood. Aussi longtemps que les pêcheurs prennent un poisson, ils refusent l'idée que l'espèce puisse être en danger. Mais, en ce qui concerne la morue, tous reconnaissent qu'il y a un problème. Sauf Nicki, qui argumente ainsi : « Il y a des quantités de morues, là-bas, au large. En utilisant un filet à mailles de trois pouces, on peut en attraper des paquets, de taille légale. Un poisson long de vingt pouces s'échappe d'un filet à mailles de six pouces. Si les autorités se contentent de maintenir leurs lois de régulation, le poisson reviendra. Si elles durcissent encore les restrictions, le poisson reviendra, mais il n'y aura plus de pêcheurs. »

À Gloucester, il existe une croyance largement partagée selon laquelle les dégâts de la surpêche ne sont que temporaires, tandis que les mesures de conservation portent d'irréversibles coups à la communauté humaine. On se persuade que les morues seront bientôt de retour, mais que les pêcheurs auront alors disparu — leurs bateaux réduits en pièces détachées... Après quoi (ce qui serait une injustice à rendre fou), les Canadiens, concurrents historiques, n'auraient plus qu'à redescendre dans les parages et à prendre tout le poisson.

L'hostilité atavique entre les pêcheurs canadiens et ceux de la Nouvelle-Angleterre remonte à la période de la guerre française et indienne, au cours de laquelle les pêcheurs français de Cap-Breton menacèrent ceux de Nouvelle-Angleterre et de Gloucester d'une bataille avec leurs troupes, qui tenaient garnison dans la station de pêche de Louisbourg. Les colons de la Nouvelle-Écosse et du Québec refusèrent ensuite de s'unir à ceux de la Nouvelle-Angleterre lors de la Révolution américaine. En 1866, Canadiens et Britanniques exclurent ensemble de la zone canadienne des trois milles les pêcheurs de Nouvelle-Angleterre. En 1870, cinq schooners de Gloucester furent arraisonnés par le Canada, et les citoyens de la ville envoyèrent au Congrès des États-Unis une pétition qui réclamait la rupture des relations avec le voisin du nord. Le schooner *Edward A. Horton*, retenu à Guysborough, en Nouvelle-Écosse, et dépouillé de ses voiles, appartient à la légende de Gloucester. Clandestinement, six hommes de la cité s'introduisirent dans l'entrepôt où se trouvait le matériel confisqué, le récupérèrent, regréèrent le navire et s'enfuirent avec la marée.

Certes, durant la majeure partie de l'histoire, les ancêtres des actuels pêcheurs de Gloucester sillonnèrent les eaux du large de la Sicile, du côté des îles grecques, ou encore celles au large des Açores. Mais récemment, quand la société Gorton ferma ses activités saumonières à Gloucester, elle alla s'implanter au Canada. Lorsque la limite des deux cents milles fut instituée, les habitants de la Nouvelle-Angleterre bataillèrent pour exclure du banc Georges ceux de la Nouvelle-Écosse, tandis que ces derniers leur rendaient la pareille sur les Grands Bancs. Cette crainte de la concurrence canadienne fait partie de la culture de Gloucester, de la même façon que la peur des Espagnols est, pour ainsi dire, installée dans les murailles de Newlyn.

Il est certain que la politique de la pêche force nombre de pêcheurs à tout arrêter. Angela Sanfilippo, l'une des dirigeantes du groupe actif des Femmes de pêcheurs de Gloucester, a lancé un programme de recyclage et de réinsertion des marins. En deux ans, elle a trouvé un nouvel emploi à vingt-neuf hommes — désormais salariés de « marinas », chauffeurs de camions, mécaniciens, ou encore pourvus de boulots dans le domaine de l'informatique. Mais son propre mari, John Sanfilippo, lui répète : « Personne ne me fera jamais arrêter la pêche ! »

Comme nombre de pêcheurs de Gloucester en cette fin de XXe siècle, les Sanfilippo sont venus de Sicile, ou les prises étaient fort maigres et les bateaux bien petits. John, né en 1945, est le neuvième enfant d'une famille de pêcheurs. Il débuta sur un petit « pointu » avec son père. Tous deux travaillaient au filet maillant, à la palangre, à la nasse ou à la senne, ce qui leur permit de survivre durant les années de pauvreté de l'après-guerre. Le jeune homme émigra aux États-Unis à l'âge de vingt-deux ans. Angela y était venue en 1963, à dix-sept ans. Sa famille, à elle aussi, vivait de la pêche depuis des générations. Elle avait des parents qui traquaient le saumon en Alaska ou le thon au large de San Diego. Son père et sa mère l'emmenèrent à Milwaukee, où d'autres cousins étaient... pêcheurs dans les Grands Lacs. Mais là, le poisson mourait à cause de la pollution. Cette expérience laissa à Angela le sentiment aigu que les pollueurs incarnent l'ennemi principal du pêcheur. Le père trouva un boulot dans une fonderie pour faire vivre son monde. Cependant, incapable d'abandonner la pêche, il y allait en week-end. Profondément malheureuse, toute la famille s'apprêtait à rentrer en Sicile, lorsque des amis lui parlèrent de Gloucester.

Quand John arriva dans cette cité, il laissa tomber toutes les autres méthodes de capture pour le chalutage traînant. Les poissons de fond furent sa récompense, même si, chaque dimanche, jour de repos, il allait pêcher le bass sur la jetée dite « State Pier ». La plupart des pêcheurs, en fait, sont incapables d'arrêter de pêcher. Les spécialistes du homard empoignent la canne et le moulinet et vont voir si ça mord en attendant la marée. Lorsque les pêcheurs de la « Flotte blanche » du Portugal avaient rempli leurs cales de morues, et faisaient escale à Saint-Jean pour acheter les vivres du retour, ils descendaient à terre pour taquiner la truite dans les ruisseaux. À l'époque où Angela était enceinte de sa fille, John ne tint plus en place. Il acheta des appâts à un navire-usine russe et partit pêcher l'espadon à la palangre, en utilisant comme bouées des bouteilles d'eau de Javel vides. Le 3 août 1975, la nuit où naquit sa fille, il attrapa soixante-cinq espadons en eau profonde, au-delà de la limite des deux cents milles, dans la zone qu'on appelle « les Canyons ». Quand leurs enfants eurent grandi, les Sanfilippo prirent enfin des vacances aux Bermudes. John s'en alla aussitôt pêcher avec deux cannes près de la jetée du Princess Hotel. En utilisant des frites comme appâts, il sortit des poissons tropicaux qui ressemblaient aux labres de sa Sicile. Il donna des conseils en cuisine sur la manière de les préparer.

Les Sanfilippo se débrouillèrent pour envoyer leur fils Dominic à l'université, afin qu'il y suive des études de sciences politiques. Mais, après deux années, le garçon revint à Gloucester en proclamant qu'il voulait être pêcheur. Angela se mit à pleurer. À Terre-Neuve, Sam Lee dut, lui aussi, se bagarrer contre son fils qui avait laissé tomber l'école parce qu'il voulait pêcher.

« Après un couple de mois, raconte Angela, je me suis aperçue qu'il était heureux. Il disait qu'il voulait aller sur le banc Georges. Il n'avait jamais pu s'y rendre auparavant, parce que c'était trop loin pour le petit bateau de son père. C'est pourquoi il s'est embauché comme équipier sur un gros chalutier de fond. Il a pêché sur le Banc juste avant qu'on ne le ferme. À présent, il a envie d'acheter son propre bateau. Je lui ai dit de garder son argent. Qu'il en aurait sûrement besoin pour autre chose... Il m'a répondu : "Les levers et les couchers de soleil me manquent, ainsi que les mouettes en train de voler au-dessus de ma tête." »

Vito Calomo, né en Sicile et ex-pêcheur, travaille aujourd'hui à la Commission des pêches du département développement de la communauté de Gloucester. Il dit : « Vous virez un type dont le père et le grand-père étaient pêcheurs, et c'est comme si vous effaciez un siècle de savoir. Un pêcheur, c'est quelqu'un de spécial. C'est à la fois un capitaine, un navigateur, un ingénieur, un découpeur, un étripeur, un expert en remaillage de filets, un spéculateur sur le marché. Et une attraction touristique. Les gens adorent visiter une ville où des hommes, le cigare à la bouche et des bottes aux pieds, réparent des filets. C'est tout cela que nous allons perdre. »

À ce moment, une camionnette chargée à l'arrière d'un tracteur-tondeuse à gazon descend la route côtière. Calomo lance un cri au chauffeur. « C'est mon frère, explique-t-il. Il était capitaine. Maintenant, il coupe de l'herbe. Un capitaine qui coupe de l'herbe ! J'en ai vu un qui lavait des assiettes dans un restaurant, et un autre qui travaillait comme surveillant de sécurité. »

Pour Calomo, Sanfilippo et la majorité de la communauté de pêcheurs de Gloucester, cette situation n'est pas leur faute. Ils en rendent responsable le gouvernement. « Qu'est-ce qu'on fait pour les Red Sox ? demande Calomo à propos de l'équipe de base-ball éternellement perdante de Boston. On ne se débarrasse pas des Red Sox. On vire les responsables. »

Calomo poursuit : « Le Canada va devenir américain, et nous allons devenir le Canada. Parce que, là-bas, on indemnise les pêcheurs au chômage, ceux-ci seront prêts le jour où le poisson reviendra. Là-bas, ils gardent leurs pêcheurs. Ils prendront nos marchés. Qui donc laissera-t-on encore pêcher, quand le poisson sera de retour ? »

Angela Sanfilippo, qui fut active dans le combat qui visait à bloquer les recherches pétrolières sur le banc Georges, ajoute : « Qui veillera sur la mer quand les pêcheurs seront partis ? »

Ce n'est certes pas une question déraisonnable. Est-ce que cette tâche incombera à Unilever, la monstrueuse multinationale qui a racheté la Gorton ? Unilever lancera-t-elle une protestation indignée le jour où une firme polluera la mer ?

Est-ce vraiment fini ?

Les derniers collecteurs de nourriture sauvage sont-ils entièrement déphasés ? L'alimentation sauvage est-elle terminée ? Notre ultime lien avec la nature indomptée est-il condamné à devenir un délice ignoré, comme l'occasionnel faisan de chasse ? Gloucester va-t-il se transformer en un village de boutiques, étiqueté « colonie d'artistes », à l'instar de Rockport ? Newlyn sera-t-il un jour uniquement voué aux promeneurs, comme les cités qui l'environnent, ou comme cela est déjà arrivé à San Sebastian ? Le port de Gloucester sera-t-il, lui aussi, changé en bassin pour les yachts ? Ou bien le conserverat-on, à l'exemple de celui de Lunenbourg, en Nouvelle-Écosse, comme musée de la pêche ?

Les gouvernements ont compris que leurs pêcheurs et leurs ports de pêche remplissent une fonction sociale. Même lorsqu'ils adoptent des programmes de réduction de leur flotte afin de sauvegarder leurs réserves de poissons, ils continuent de subventionner la pêche parce qu'il n'existe aucun autre emploi disponible pour la majorité des hommes de mer. Parmi les pays développés, seule l'Islande attend de ses pêcheries une contribution substantielle à son économie mais, même elle, essaie de réduire le nombre de ses pêcheurs. Une étude de 1989, menée par la Food and Agriculture Organization (F.A.O.) des Nations unies, estime à quatre-vingt-douze milliards de dollars le coût mondial de fonctionnement de l'industrie de la pêche. Les revenus qui en proviennent ne se montent qu'à soixante-dix milliards de dollars. L'essentiel de la différence est constitué par des subventions que versent les États aux pêcheurs et aux chantiers navals. Selon la F.A.O., au début des années 1990, les douze États membres de la Communauté européenne dépensaient environ cinq cent quatre-vingts millions de dollars annuels en subventions pour la pêche. Cent cinquante millions pour la seule Norvège... On estime que le gouvernement japonais n'a pas avancé moins de dix-neuf milliards de dollars de crédits à son industrie halieutique en difficulté, et que la majeure partie de cette somme ne sera jamais remboursée.

À des kilomètres du port de Gloucester, dans les hôtels bâtis sur la côte rocheuse de la Nouvelle-Angleterre (ces rochers qu'on recherchait autrefois pour le séchage de la morue, et qu'on aime aujourd'hui comme éléments du paysage), des touristes prennent leur petit déjeuner et planifient leur journée. Au loin, des bateaux de pêcheurs de homards et des petits chalutiers glissent sur l'eau, au-delà de la distance où l'on peut percevoir leurs moteurs Diesel. Nombre de touristes ont prévu d'aller voir les baleines. Ils parlent de ces cétacés comme d'adorables animaux de compagnie ; ils évoquent la façon dont ces géants bondissent, et plongent, et soufflent en ronflant. Sur ce rivage accidenté où des fortunes s'édifièrent aussi, jadis, grâce à la chasse à la baleine, l'observation des cétacés est devenue un business prospère durant la saison touristique. Les barreurs des bateaux de « *whale-watching* » sont en général des pêcheurs reconvertis.

Il existe une grande différence dans la façon de vivre entre une société qui tue les baleines et une autre qui va les contempler. La nature est en train de se réduire à quelques spectacles précieux, que nous réservons au divertissement ou à l'éducation. Quelque chose de bien moins « naturel » que la chasse... Mettons-nous le cap sur un monde où il ne restera plus rien du monde sauvage, hormis quelques parcs ? Les baleines sont des mammifères, et ceux-ci ne pondent pas des millions d'œufs. Nous avons été contraints de cesser la grande chasse et d'élever des animaux domestiques pour notre viande — en préservant les animaux sauvages du mieux que nous le pouvions.

Il est plus difficile de faire disparaître des poissons que des mammifères. Mais, après mille ans de traque à la morue de l'Atlantique, nous savons maintenant que c'est possible.

HISTOIRE DE CUISINE

« On pourrait dire qu'elle — la morue — est la seule nourriture, à part le pain, dont, une fois qu'on s'y est habitué, on ne se lasse jamais ; sans laquelle on ne pourrait pas vivre ; et qu'on ne pourrait échanger contre aucun autre délice. »

Elena Ivanova Molokhovets,
Un cadeau aux maîtresses de maison,
Saint-Pétersbourg, 1862.

Six siècles de recettes de morue

LA BONNE FAÇON DE TREMPER LA MORUE

« Oui, oui, je vais te dessaler, toi, toi... *grande morue* ! »

Émile Zola,
L'Assommoir, 1877.

Il n'existe aucune règle générale quant à la façon de ressusciter une morue séchée ou salée. Jamais deux morceaux de ce poisson en conserve n'ont la même épaisseur, le même degré de sécheresse ou la même salinité. Du reste, chaque personne préférera tel ou tel goût, qui dépendra le plus souvent du type de plat préparé.

Le trempage prend généralement plus de vingt-quatre heures ; mais, pour les morues très sèches, l'opération peut nécessiter plusieurs jours. La plupart des cuisiniers s'accordent à dire que le seul moyen de savoir si une morue en conserve est prête à être cuisinée, consiste à en casser un morceau et à le goûter. Plus elle a été séchée, plus longtemps elle doit être trempée. Le poisson salé doit baigner dans une eau qu'on changera régulièrement, afin que la chair ne macère pas dans l'eau salée.

Hannah Glasse, dans l'édition anglaise de 1758 de son livre, écrivait que le stockfish doit être trempé dans du lait et de l'eau chaude. La plupart des cuisiniers modernes insistent sur l'eau froide. Beaucoup pensent qu'il est préférable de laisser tremper au réfrigérateur, notamment par temps chaud. D'autres sont connus pour avoir détourné une autre invention moderne : la chasse d'eau.

Au cœur de la terre de France, dans la « *France profonde* », comme aiment à dire les Français, sur un versant isolé de la chaîne de montagnes qu'on appelle Massif central, se trouve l'Aveyron. C'est une région accidentée et verdoyante, avec des hauts pâturages à moutons et des gorges profondes, où affleurent des rochers déchiquetés dont le plus fameux, à Roquefort-sur-Soulzon, offre les grottes naturelles dans lesquelles s'affine le plus célèbre fromage du monde. Dans cet endroit perdu, les bergers parlent encore un dialecte local. Cette région ne pouvait, naguère, être approvisionnée depuis le lointain Bordeaux que par des barges qui naviguaient sur les rivières. Les embarcations remontaient la Garonne, puis le Lot jusqu'à Rodez et les autres villes de l'Aveyron. La morue séchée, achetée à Bordeaux, était charriée dans le cours d'eau derrière la barge pendant les deux jours du voyage. Elle arrivait à destination molle et prête à être cuisinée.

Au XXe siècle, le Lot devint de plus en plus pollué et de moins en moins navigable. Mais une nouvelle invention intervint dans la préparation de la morue séchée : la chasse d'eau... En 1947, le président du Conseil, Paul Ramadier, demanda à son valet de rincer les toilettes pendant une heure la semaine suivante, afin de préparer un dîner spécial prévu pour le samedi. Le plat n'était autre que de la morue séchée. Les toilettes furent alimentées en eau par un réservoir fixé en hauteur sur le mur : une *chasse d'eau*. Le poisson séché fut entreposé pendant deux jours dans cette *chasse d'eau*, dont il sortit ramolli et prêt à être cuisiné. Le système s'avéra également idéal pour la morue salée, puisque que l'eau devenait très facile à changer... Tout ceci peut être jugé peu ragoûtant ; hélas ! le procédé est aujourd'hui plus hygiénique que celui qui consisterait à recourir à la Garonne et à ses affluents.

Histoire de cuisine

Deux points de vue sur le stockfish

> « Le stockfish est dur comme un morceau de bois, mais sans mauvais goût, en fait, sans saveur du tout... Toutefois agréable et appétissant, et après tout, quelque chose qui s'acquitte de cette fonction ne saurait être dite mauvaise. »
>
> Poggio Bracciolini
> (érudit latiniste réputé), 1436.

> « Le poisson séché est un aliment essentiel en Islande. Il doit être déchiqueté avec les doigts et mangé avec du beurre. Il est plus ou moins coriace. Le plus dur ressemble à un ongle d'orteil, le plus doux à la peau de la plante des pieds. »
>
> W.H. Auden et Louis MacNeice,
> *Lettres d'Islande*, 1967.

Bats-la !

Avant l'existence des toilettes et du réfrigérateur, l'outil qui paraissait le plus indissociable de la morue sèche était le marteau. Si la morue était de bonne qualité, elle semblait taillée à coups de hache dans un morceau de bois tendre un peu plus léger que le balsa. Ses fibres devaient être brisées d'une manière ou d'une autre.

> *De même, lorsqu'elle [la morue] est prise dans les mers lointaines, et qu'on désire la garder dix ou douze ans, on la vide, on l'étête et on la sèche à l'air et au soleil — mais, en aucune façon, au feu ou à la fumée.*

Lorsque cela est accompli, on l'appelle « stockfish ». Lorsqu'elle a été attrapée depuis longtemps, et qu'on désire la manger, il faut la battre avec un marteau pendant une heure entière. Puis on doit la laisser tremper dans de l'eau chaude pendant douze heures complètes ou davantage. Après quoi, il faut la cuire et bien l'écumer, comme le bœuf

Auteur anonyme,
Le Mesnagier de Paris, vers 1393.

TUE-LA : LUTEFISK

Les Norvégiens ramollissaient le stockfish et le réduisaient presque à l'état de gelée (*lutefisk*, « méduse ») en le trempant dans une sorte de lessive.

« D'abord, le stockfish battu est mis dans de l'eau froide pendant quatre ou cinq jours, sachant que l'eau doit être changée régulièrement. Pour préparer la lessive, la cendre pulvérisée, tirée uniquement du bouleau ou du hêtre, est bouillie à l'eau dans une marmite, avant d'être laissée au repos jusqu'à ce que la cendre tombe au fond. On transvase l'eau froide de la marmite vers un autre récipient, où elle repose encore jusqu'à ce qu'elle devienne limpide. On met le poisson dans cette eau claire, où il reste pendant trois jours. On le sort trois heures avant de le rincer à l'eau froide et de le bouillir comme n'importe quel autre poisson. On le consomme avec du beurre fondu et de la moutarde. »

Marta Maria Stephensen,
Simple livret de cuisine de poche
pour gentes dames, 1800
(traduit par Hallfredur Örn Eiriksson).

Histoire de cuisine

Tactique de diversion

En 1982, le romancier anglais Graham Greene, vieux résident de Nice, lança des accusations publiques sur la corruption qui régnait dans la ville. On suggéra que le fameux auteur de ces « révélations » était en train de perdre le sens des réalités. Mais lorsqu'on l'interrogea sur les allégations de Greene, durant une interview, le maire de la cité, Jacques Médecin, fils d'un autre maire de Nice, se mit à parler cuisine et proposa une recette de stockfish. Plus tard, le maire en question dut s'éclipser en Amérique du Sud, où l'on trouve d'excellentes morues salées, mais qui ne ressemblent guère au vrai stockfish.

La recette que voici, selon Jacques Médecin, qu'il ne faut pas forcément prendre au mot, fut donnée à son père par un pêcheur local nommé Barba Chiquin — ce qui signifie, en dialecte nissard, « tonton bonne bouteille ». Barba Chiquin prétendait inviter des enfants à déguster ce plat.

> *« Prenez un stockfish séché, broyez-en cent grammes sur une pierre avec un marteau, en réduisant le tout en une sorte de poudre. Pour cent grammes de stockfish, écrasez quatre gousses d'ail dans un mortier. Chauffez de l'huile d'olive dans un poêlon jusqu'à ce qu'elle fume, et faites revenir deux pébrétas (poivrons forts). Lorsque l'huile commence à fumer, mélangez-y la mixture de stockfish sec et d'ail. Quand la préparation est légèrement colorée, étalez-la sur une tranche de bon pain de campagne et régalez-vous. »*

Jacques Médecin,
ex-maire de Nice

Médecin recommande de ne pas essayer cette recette aussi longtemps qu'on ne possède pas une cave à vin bien remplie, afin d'étancher « une soif qui peut durer au moins quatre ou cinq jours ».

Voir aussi page 75

MAUVAISES NOUVELLES À L'ÉTANG DE WALDEN

> « On raconte qu'à la mauvaise saison, les vaches d'ici broutent parfois des têtes de morues ! La meilleure partie de la morue, qui, comme la tête de l'homme, est bizarrement et magnifiquement faite, n'a en vérité qu'un petit peu moins de cerveau. Mais pour finir comment ! Être mangée par des vaches ! Mon propre crâne se fend de sympathie... Que se passerait-il si les têtes des hommes étaient coupées afin de nourrir les vaches d'un ordre supérieur d'êtres vivants qui habiteraient des îles de l'Ether ? Au loin filerait votre beau cerveau, logis de la pensée et de l'instinct, destiné à augmenter le bol alimentaire d'un ruminant ! De toute manière, un habitant m'a assuré qu'on n'a pas vraiment l'habitude de nourrir les vaches avec des têtes de morues. Les vaches acceptent seulement d'en consommer de temps à autre. »
>
> Henry David Thoreau
> *Cape Cod*, 1851.

Thoreau fit ces observations lors d'un voyage qu'il accomplit à Cape Cod — « cap Morue ». La même année, Herman Melville, dans *Moby Dick*, décrivait les vaches de Nantucket en train d'errer, des têtes de morues accrochées aux pieds. Thoreau avait raison : ces têtes de poissons n'étaient pas destinées à être offertes aux vaches. Mais les gens aimaient les manger.

Sans les lèvres : têtes de morue frites

Prenez quatre têtes de morues moyennes. Davantage pour une grande famille. Après qu'elles ont été apprêtées (pour apprêter une tête, prenez un couteau bien aiguisé, tranchez vers le bas en direction des yeux, tenez l'arrière fermement, et tirez), cuisinez-les comme suit :
Coupez les têtes en deux, écorchez et enlevez les lèvres. Lavez bien et séchez. Plongez les deux côtés de têtes dans la farine, saupoudrez de sel et de poivre à votre goût. Faites frire dans de la graisse jusqu'à qu'elles dorent sur les deux faces. Servez avec des pommes de terre et des petits pois, ou n'importe quel autre légume si vous préférez.

Mrs. Lloyd G. Hann,
Wesleyville, Terre-Neuve,
extrait de *Fat-back & Molasses : A Collection of Favourite Old Recipes from Newfoundland & Labrador,*
édité par Ivan F. Jesperson,
Saint-Jean, 1974.

Sans les yeux : soupe de poisson du pêcheur aux têtes de morues

8 têtes de morues sans les yeux
100 g de porc salé
2 oignons
6 pommes de terre
Beurre
Sel, poivre

Histoire de cuisine

Faites fondre le porc. Ajoutez les oignons et laissez-les frire jusqu'à ce qu'ils dorent. Mettez le tout dans une marmite, puis ajoutez les têtes de morues et les pommes de terre. Couvrez d'eau froide et laissez mijoter jusqu'à ce que les pommes de terre soient cuites. Assaisonnez et ajoutez un gros morceau de beurre.
Les pêcheurs pensent qu'enlever les arêtes fait « femmelette ». La tête de la morue contient, bien entendu, la langue et les joues. Parfois, aussi, elle est accompagnée de la vessie natatoire, qu'on appelle la « lumière » ou la « poche ». On peut frire cette dernière dans du porc salé et l'ajouter à la soupe de poisson.

Compilé par Harriet Adams,
commenté par N.M. Halper,
Vittles for the Captain :
Cape Cod Sea-Food Recipes,
Provincetown, 1941.

Marblehead

En 1750, le capitaine Francis Goelet proclama que Marblehead, Massachusetts, était réputé pour ses grands et beaux enfants bien nourris qui, disait-il, étaient « les plus forts d'Amérique du Nord ». Selon Goelet, « la cause principale serait due à leur alimentation constituée principalement de têtes de morues ».

« Les enfants de Cape Cod n'ont pas de luge,
Hisse-haut, hisse-haut !
Ils dévalent la colline sur des têtes de morues. »

Chanson de marins

Sagesse islandaise

Jusqu'à ce siècle, les têtes séchées étaient convoyées à l'intérieur des terres à dos de poney. Les bâts contenaient soixante têtes de chaque côté. Les Norvégiens comme les Islandais en piochaient pour leur casse-croûte. « Vous savez, raconte le chef de Reykjavik Ulfar Eysteinsson : vous veniez juste de vous asseoir autour d'une table pour discuter, et crr-r-ac ! » Il fait le geste de tirer une tête de morue.

En 1914, la pratique même qui consistait à manger les têtes de morues fut dénoncée par l'éminent banquier islandais Tryggvi Gunnarsson comme le plus grand des péchés nordiques : le non-sens pratique. Il fit observer que la valeur de cette nourriture ne dépassait pas son coût de production, et le démontra par une formule mathématique où entraient aussi les temps de repas. Le directeur de la Bibliothèque nationale lui répondit par un traité sur la valeur sociale de la consommation des têtes de morues. Entre autres vertus, ce dernier souligna que cette coutume apprenait la patience, et il rappela l'ancienne croyance islandaise selon laquelle manger la tête d'un animal accroît l'intelligence. (Les Islandais mangent aussi de la tête de mouton.)

Notons qu'en Islande, les jeunes générations ne consomment plus guère de têtes de morues séchées ni de têtes de moutons, et qu'on n'a pas constaté de déclin notable de leur degré d'intelligence.

La tête de l'île

Dans la majeure partie de l'univers de la morue salée, il existe des mythes au sujet de la tête du poisson, parce qu'on voit rarement cette partie de l'animal.

Selon une légende médiévale catalane, on ôte sa tête à

la morue pour dissimuler le fait qu'elle est humaine. Quoique la morue salée constitue un élément habituel du régime alimentaire des Caraïbes, peu d'habitants des Antilles ont eu l'occasion d'apercevoir une tête de morue. Carmélite Martial, fameuse cuisinière créole de la Guadeloupe, qui naquit en 1919, affirme qu'elle n'en a jamais vu. Mais sa grand-mère, née en 1871, lui racontait autrefois qu'elle en gardait une enfermée dans un coffre-fort. Qui plus est, cette tête avait des cheveux. « Je ne l'ai jamais vue », conclut Carmélite Martial, laquelle n'inscrit pas la tête du poisson dans son vaste répertoire culinaire sur la morue.

PIÈCES DÉTACHÉES

« Deux petits garçons ratatinés, qui ressemblaient davantage à de minuscules vieillards, arrivèrent avec des boîtes de fer blanc. Il portaient des cuissardes et se promenaient au bord de l'eau, parmi les têtes de poissons. Chacun possédait un couteau de poche et, lorsqu'il trouvait une tête à son goût, il faisait une entaille triangulaire sous la mâchoire et retirait la langue. Lorsque son seau fut plein, il entassa les langues sur une table débarrassée et remplit sa boîte d'eau de mer propre. Il lava alors le tas et replaça les langues dans la boîte [...]
« [...] Nous observâmes ce nettoyage du poisson tous les jours pendant une semaine et ne pûmes jamais trouver à notre goût — en vérité, altéré — la morue qui figurait au menu du dîner. Chaque fois que la carte annonçait "Langues de morues grillées", deux petites têtes pâlottes et deux corps chétifs, penchés sur un tas de têtes de morues, apparaissaient devant nous, et nous savions qu'il nous serait impossible de commander des langues. »

Doris Montgomery,
Gros plan sur la côte de Gaspé, 1940.

Une fois que la chair, la tête et le foie ont été mangés, le reste est-il destiné à être broyé en farine de poisson ? Des rachitiques villages de pêcheurs de Terre-Neuve et des côtes du Labrador ; des rudes communautés de la Nouvelle Angleterre ; des familles de pêcheurs de Bretagne et de Normandie ; des femmes basques qui nettoyaient la morue salée pour des gages d'esclaves ; des Islandais d'avant le XXe siècle qui ne possédaient quasiment rien ; de tous ceux-là proviennent les recettes que voici. La plupart sont aujourd'hui tenues pour des délices : elles ont leur origine dans la pauvreté.

LES LANGUES ET LES JOUES

Le disque de chair qui se trouve de chaque côté de la tête, de la taille d'un pétoncle, parfois plus gros, constitue la partie la plus délicate de la morue. On le sert souvent avec la « langue » du poisson — en vérité, sa gorge —, qui a un goût plus riche et une texture plus gélatineuse.

> *Les langues et les joues de morue sont roulées dans de la farine de maïs et frites jusqu'à ce qu'elles brunissent. La « langue » n'est pas réellement la langue, mais une boule de chair qui se trouve à sa base.*
> *La « côtelette de porc » désigne une joue découpée avec un morceau d'os de la mâchoire, et frite.*

compilé par Harriet Adams,
commenté par N.M. Halper,
Vittles for the Captain :
Cape Cod Sea-Food Recipes,
Princetown, 1941.

Ragoût de langues de morues

1 livre de langues de morues fraîches
1 gros oignon
1/2 livre de saindoux
Sel, Poivre

Mettez le saindoux dans une poêle à frire et laissez colorer. Ajoutez l'oignon puis les langues soigneusement nettoyées. Ajoutez sel et poivre selon votre goût. Laissez mijoter pendant une demi-heure.

compilé par les Auxiliaires féminines
de l'Hôpital d'Ingonish,
Des Highlands et de la mer,
Ingonish, Cap Breton,
Nouvelle-Écosse, 1974.

La langue basque :
kokotxas de bacalao verde

Les Basques sont grands amateurs de langues de poissons, celles de morues salées comme celles de merluches fraîches. Ils utilisent, pour ce mets, le mot *kokotxas* (prononcé « *cocoachas* », il était parfois écrit phonétiquement avant la fixation de l'orthographe moderne). Ils en confectionnent volontiers des douzaines de recettes. Voici la plus connue des classiques. L'huile utilisée est toujours d'olive.

Ingrédients : 100 g de langues de morues salées, de l'ail selon votre goût, du persil (le plus possible), des petits oignons, de l'huile et du lait.

Préparation : Faites tremper les langues durant vingt-quatre heures, en changeant l'eau trois fois. Videz l'eau et séchez les langues. Mettez-les dans une casserole avec l'huile, l'ail selon le goût, le persil et les petits oignons. Laissez colorer un peu, puis ajoutez les langues. Retournez-les sur le feu, puis arrêtez la cuisson et laissez-les reposer dix minutes. Ensuite, remettez-les à feu très doux et ajoutez trois cuillerées à soupe de lait. Remuez de temps en temps la casserole et, lorsque vous voyez que c'est prêt, éteignez le feu et servez aussitôt.

El Bacalao,
les recettes de P.Y.S.B.E.
(Pêcheries et Séchages de Morues d'Espagne),
San Sebastian, 1936.

LES ŒUFS

UN ALIMENT POUR LES FRANÇAIS OU POUR LES POISSONS...

Les œufs de morue, bien salés et marinés, sont négligés chez nous, mais réputés atteindre un bon prix en France, où ils servent à préparer des sauces.
Pour les utiliser, broyez-les entre deux tranchoirs, et battez-les avec du vinaigre, du vin blanc, etc. Ensuite laissez-les cuire à l'étouffée ou mijoter à feu doux avec des anchois et les autres ingrédients utilisés pour la sauce. Ajoutez du beurre et mélangez bien. Nous

autres, sur les côtes, utilisons aussi les œufs de morue fraîche pour la sauce.

John Collins
Sel et pêche, 1682.

Ou pour les marins anglais...

Faites bouillir comme indiqué (pour chaque gallon d'eau, ajoutez un quart de pinte de vinaigre et deux onces de sel. Portez à ébullition, mettez-y les œufs, réservez sur le côté du feu et laissez mijoter doucement jusqu'à ce que le poisson soit cuit) ; et servez avec du persil ou de la sauce aux câpres, ou badigeonnez avec de l'œuf ou de la pâte et de la chapelure, et laissez frire. Servez avec des quartiers de citron ou de la sauce aux anchois.

C.H. Atkinson
Le Livre de cuisine de Marine
à l'usage des Stewards
& Cuisiniers des cargos,
Glasgow, 1941.

Pour le carême, en Grèce : le tarama

Dans toute la Méditerranée chrétienne, la morue salée reste une tradition de carême. En Grèce, le *tarama* est servi pendant cette période. Parce que les œufs de poissons doivent être consommés rapidement, à moins d'être salés ou fumés, il s'agit généralement d'une friandise réservée aux pays nordiques. Le *tarama* était, à l'origine, préparé à partir d'œufs de mulet, espèce abondante en Méditerranée. Mais, depuis que les pêches méditerranéennes déclinent, les Grecs importent de Norvège des œufs de poisson marinés, qu'ils appellent *tarama*.

150 g de tarama (œufs de morue salés)
1 oignon moyen, râpé ou finement haché
1 tranche (d'environ cinq ou six centimètres d'épaisseur) de pain rassis
1 pomme de terre bouillie[1]
Le jus de 1 ou 2 citrons
1 tasse d'huile d'olive

Ôtez la croûte du pain, faites-le tremper et essorez-le. Rincez le tarama à l'eau dans une passoire très fine, afin d'enlever un peu de sel.
Écrasez la pulpe de l'oignon dans un mortier (goudi) *si vous en possédez un, puis le pain et la pomme de terre, l'ail et le jus de citron, les uns après les autres, en broyant et en battant le tout pour obtenir une pâte lisse ; ou bien passez au mixer électrique. Ajoutez une cuillerée d'huile d'olive en surface et garnissez d'olives. Certains œufs ont une couleur plus riche que d'autres. On peut ajouter un peu de jus de betterave pour rehausser la teinte des variétés pâles, qui sont en fait de qualité plus fine.*

Anne Yannoulis,
Calendrier grec de cuisine,
Athènes, 1988.

---

1. Dans cette recette, on peut n'utiliser que du pain ou que de la pomme de terre, mais le mélange des deux donne une excellente texture. Le pain de blé complet confère une saveur plus fine.

LES VESSIES NATATOIRES

Vessies natatoires grillées

Lavez-les et échaudez-les à l'eau bouillante, et frottez-les avec du sel. Ôtez-en la première peau, faites-les blanchir, puis farinez-les et faites-les griller. Disposez-les sur un plat et arrosez-les d'une sauce au jus brun, avec poivre, cayenne, sel, un peu de beurre fondu et coloré à la farine, une cuillerée à café de moutarde et une de sauce de soja piquante. Apprêtez les vessies natatoires comme un ragoût, en les faisant bouillir comme indiqué ci-dessus (lentement, dans beaucoup d'eau, avec une poignée de sel), puis en les faisant cuire à l'étouffée dans une sauce au jus brun limpide. Ajoutez un peu de crème et du beurre pétri dans de la farine, et assaisonnez avec des zestes de citron, de la noix muscade et de la fleur de muscade. Coupez-les en filets. Vous pouvez aussi les faire frire.

Margaret Dods,
Manuel de cuisine
de la maîtresse de maison,
Londres, 1829.

LES TRIPES

Les estomacs de morues servent à faire des peaux de saucisses. En Islande, selon Hallfredur Örn Eiriksson, érudit en

traditions populaires à l'Institut Arni Magnusson, ces organes sont « nettoyés à fond, farcis avec du foie, lequel était parfois pétri avec du seigle ; puis bouillis et mangés. On faisait la même chose avec les vessies natatoires. »
Parfois, on utilise également les boyaux et l'œsophage. En 1571, lors d'une réception donnée à Paris, en l'honneur d'Élisabeth d'Autriche, les tripes de morue étaient au menu.

Merluche et calmar avec tripes de morue à la catalane

Ingrédients pour quatre personnes : 4 tranches centrales de merluche choisies avec soin ; 2 calmars de 30 g chacun après nettoyage ; 100 g de tripes de morue ; bouillon de bœuf ; 100 g d'épinards ; 1 cuillerée à soupe de raisins de Corinthe ; 1 cuillerée à soupe de pignon ; haricots blancs ; 1 branche de cerfeuil ; 1 échalote ; du beurre ; de l'huile d'olive vierge ; du vin rouge ; du sel ; du poivre.

La veille, faites tremper séparément les haricots, les raisins et les tripes.
Écaillez la merluche en gardant la peau ; lavez-la.
Nettoyez les calmars et ôtez leurs tentacules.
Faites cuire les haricots à l'eau et à feu doux. Pochez les tripes en gardant l'eau de cuisson. Coupez les calmars en bandes, ou en julienne ; faites-les sauter à l'huile d'olive.
Mettez le beurre dans une casserole à feu moyen et faites revenir l'échalote émincée. Lorsqu'elle est ramollie, ajoutez le vin rouge que vous aurez préalablement fait réduire. Puis ajoutez les haricots et les tripes coupées en dés, ainsi qu'un peu de bouillon de bœuf.

Faites bouillir, puis liez le tout avec du beurre, du sel et du poivre.
Assaisonnez les merluches et mettez-les dans une casserole, en huilant le côté avec la peau.
Faites rapidement sauter les épinards, lavés au préalable, et ajoutez les pignons et les raisins.
Faites un lit de haricots sur chaque assiette, ajoutez une cuillerée de tripes, de la sauce et les calmars. Pardessus, déposez les merluches, la peau vers le haut. Décorez les bords avec haricots, épinards, pignons et raisins. Déposez le brin de cerfeuil sur le poisson.

Restaurant El Raco de con Fabes,
Barcelone, d'après Rafael García Santos,
El Bacalao en la cocina Vasca
y las mejores recetas del mundo
(La morue salée dans la cuisine basque
et les meilleures recettes du monde), 1996.

LA PEAU ET LES OS

Avant que l'Islande ne se modernise, la peau de la morue y était grillée et servie aux enfants avec du beurre. Hallfredur Eiriksson se souvient de son enfance : « La peau était toujours ôtée au poisson séché avant qu'il ne soit mangé ; cette peau sèche est dure, mais elle s'amollit lorsqu'on la grille sur la flamme. »
Les arêtes du poisson (tout comme les os de mouton et de bétail) étaient préparées comme suit :

Les os sont mis dans la saumure où ils restent jusqu'à ce qu'ils soient en partie désintégrés et amollis. Le tout est ensuite bouilli lentement jusqu'à ce que les osde-viennent tendres et que la mixture se fige comme un épais porridge.

Andrea Nikolina Jonsdottir,
Ny matreidslubok, 1858.

SOUPES DE POISSON

Le mot anglais qui désigne la soupe de poisson, *chowder*, est tiré du français « chaudière », qui désignait autrefois un grand pot de fer. De nos jours, les chaudrons sont plus souvent en aluminium, mais ils constituent toujours l'équipement standard des bateaux de pêche. On les utilise pour simplement chauffer de l'eau, pour confectionner un plat unique ou un plat de poisson frais, ou pour garder les provisions du navire. De nombreuses communautés de pêcheurs de l'Atlantique Nord préparent des soupes de poisson — plat que les Marseillais ont aussi popularisé sous le nom de « bouillabaisse ». Une recette de soupe de poisson du XVIe siècle a été rédigée en langue celtique de la Cornouailles. Le mot cornouan pour « marchand de poisson », *jowter*, permet à certains historiens d'argumenter sur le fait que le *chowder* aurait pu être inventé dans cette région d'Angleterre. On dit souvent que les pêcheurs français et anglais des Grands Bancs introduisirent la soupe de poisson dans la cuisine de Terre-Neuve et que, de là, elle voyagea vers le sud jusqu'en Nouvelle-Écosse et en Nouvelle-Angleterre. Mais, avant que les Européens n'arrivent, les aborigènes américains de ces régions étaient parfaitement capables de préparer de tels mets ; toutefois sans porc.

Les ingrédients originaux de la soupe de poisson du Nouveau Monde étaient le porc salé, les biscuits de mer et, soit la morue fraîche, soit la morue salée ; le tout soigneusement disposé en couches dans le chaudron. Ces ingrédients constituaient les provisions basiques de longue conservation sur les bateaux de pêche. Les biscuits de mer, ou galettes qui, plus tard, acquirent des noms spécifiques selon leurs différentes formes et dimensions, telles que le « pain de pilote » *(pilot bread)* ou les « biscottes de voyage » *(Cross Crackers)*, étaient les précurseurs de la biscotte — le *cracker* — cette sorte de pain trop dur pour rassir. Plus tard, on ajouta des pommes de terre à la recette de la soupe de poisson. Le brouis de pêcheur de Terre-Neuve constitue un classique des classiques du genre, dans lequel le bouillon est cuit à part.

Mais, s'il vous plaît...

« De nos jours, le plus souvent, la soupe de poisson arrive sur nos tables dans un dé à coudre. On la mesure au compte-gouttes. Mais, en ce temps-là, la bouillabaisse était le plat principal du repas. Bien qu'il soit tombé de ce piédestal, il ne s'agit pas, absolument pas, d'une de ces fines, d'une de ces évanescentes soupes avec lesquelles on joue délicatement dans un salon de thé pour dames de bonne famille... »

Et, P.S. — S'il vous plaît, ne la servez pas dans une tasse !

Compilé par Harriet Adams,
commenté par N.M. Halper,
Vittles for the Captain :
Cape Cod Sea-Food Recipes,
Provincetown, 1941.

Ajoutez ce qui vous plaît

Quatre livres de poisson suffisent à préparer une bouillabaisse pour quatre ou cinq convives ; une demi-douzaine de tranches de porc salé au fond du chaudron ; accrochez celui-ci haut, afin que le porc ne brûle pas ; retirez-le lorsqu'il est bien coloré ; ajoutez une couche de tranches de poisson coupées dans le sens de la longueur, puis une couche de biscottes, de petits oignons émincés, des rondelles de pommes de terre fines comme des pièces de monnaie ; mélangez le tout avec les morceaux de porc que vous avez frits ; puis mettez une nouvelle couche de poisson, et ainsi de suite. Six biscottes suffisent. Saupoudrez un peu de sel et de poivre sur chaque couche ; sur le tout, versez un plein bol de farine et d'eau, suffisamment pour que le liquide couvre à niveau ce que vous avez mis dans la marmite. Un citron en tranches ajoute au parfum. Une tasse de tomate écrasée ou de ketchup donne un excellent résultat. Certains ajoutent de la bière. Quelques palourdes constituent un supplément agréable. Il convient de bien couvrir le chaudron : l'idéal serait qu'aucune vapeur ne s'en échappe. N'ouvrez pas, sauf lorsque c'est presque prêt, afin de goûter si l'assaisonnement est satisfaisant.

Lydia Maria Child,
The American Frugal Housewife,
Boston, 1829.

Au XIXe siècle, en Nouvelle-Angleterre, les « bouillabaisses-parties » devinrent à la mode. Une douzaine de personnes ou davantage partaient pour une matinée de navigation à la voile et préparaient la soupe de poisson soit à bord, soit au retour, sur la plage. De même, en ce temps-là, il devint de bon ton d'ajouter du lait au plat, ce qui signifia que, désormais, la bouillabaisse exigeait d'autres ingrédients que les provisions de base du marin.

La soupe de poisson : nouvelle approche

Fannie Merritt Farmer, auteur de livres de cuisine particulièrement influente, croyait aux vertus des instructions très précises et popularisa l'idée des proportions exactes dans la confection des recettes. Cette illusion de science est devenue pratique courante. Depuis plus de cent ans, elle permet aux cuisiniers amateurs de s'exclamer : « Qu'est-ce qui n'a pas marché ? J'ai suivi la recette... » Fannie Farmer fut la plus célèbre directrice de l'École de Cuisine de Boston, créée une génération plus tôt afin d'enseigner aux femmes de la classe ouvrière comment cuisiner « scientifiquement ». Influencée par cette école, la liberté de choix a, peu à peu, été extirpée des recettes, et l'expérimentation progressivement découragée.
La recette de Fannie Merritt Farmer diffère beaucoup des précédentes, non seulement par la précision des mesures des ingrédients, mais par le fait qu'elle n'est pas préparée dans un seul chaudron, et que l'idée de cuire la bouillabaisse en couches y est complètement abandonnée. La recette suivante est clairement destinée à être exécutée avec un fourneau dans la tête, en utilisant de nombreuses casseroles et bien plus d'un brûleur à la fois. Lorsque le fourneau remplace le cœur, la façon dont on cuisine s'en trouve modifiée.

4 livres de morue ou de haddock
6 tasses de pommes de terre coupées en rondelles de 0,5 cm, ou 4 tasses de pommes de terre coupées en cubes de 1,5 cm de côté

1 oignon émincé
1 cube de 4 cm de gras de porc salé
1 cuillerée à soupe de sel
1/8 de cuillerée à café de poivre
3 cuillerées à soupe de beurre
4 tasses de lait bouillant
8 biscottes ordinaires

Commandez un poisson dépiauté, mais avec la tête et la queue. Coupez tête et queue et enlevez la grande arête du poisson. Coupez le poisson en morceaux de cinq centimètres et réservez-les à part. Mettez la tête, la queue et l'arête brisées en morceaux dans une grande casserole ; ajoutez-y deux tasses d'eau froide et amenez le tout doucement à ébullition ; laissez cuire vingt minutes. Coupez le porc salé en petits morceaux et faites-le fondre, ajoutez l'oignon et laissez frire cinq minutes ; dégraissez le bouillon contenu dans la grande casserole. Faites cuire à demi les pommes de terre pendant cinq minutes dans de l'eau bouillante qui les recouvre ; égouttez et ajoutez les pommes de terre à la graisse ; puis ajoutez deux tasses d'eau bouillante et laissez cuire cinq minutes. Ajoutez le jus des arêtes et du poisson ; couvrez, et laissez frémir dix minutes. Ajoutez le lait, le sel, le poivre, le beurre et les biscottes, émiettées et imprégnées d'assez de lait chaud pour qu'elles soient bien mouillées. Le biscuit de mer est parfois utilisé à la place des biscottes ordinaires.

Fannie Merritt Farmer,
Le Livre de cuisine de l'École de cuisine de Boston, 1896.

Histoire de cuisine

Les derniers terre-neuvas

Dans les ports français de la Manche et de l'Atlantique, les hommes qui allaient pêcher la morue à Terre-Neuve étaient appelés les « terre-neuvas ». Les derniers d'entre eux partirent du port breton de Saint-Malo et du port normand de Fécamp dans les années 1970. Lors de la campagne de 1961, l'année qui suivit la publication du livre dont est tirée la recette ci-après, vingt-deux mille tonnes de morues salées provenant des Grands Bancs furent encore débarquées à Fécamp. Le mot originel normand pour la soupe de poisson, la *chaudrée*, a été oublié et, même ici, le mot marseillais est désormais utilisé.

La bouillabaisse de Fécamp

Préparation : 30 minutes
Ingrédients : 500 g de morue salée ; 750 g de pommes de terre ; 100 g d'oignons ; quelques branches de céleri ; 1 blanc de poireau ; 2 clous de girofle ; 2 cuillerées à soupe de concentré de tomate ; 3 cuillerées à soupe d'huile ; 1 bouquet garni ; sel ; poivre ; persil haché.

Dessalez, pochez et égouttez la morue salée, chauffez l'huile dans une marmite. Jetez-y les oignons hachés, le poireau et le céleri, également hachés. Laissez cuire pendant dix minutes. Pelez les pommes de terre, coupez-les en rondelles épaisses et faites-les cuire dans la préparation précédemment décrite. Lorsque les pommes de terre sont presque cuites, ajoutez-y la morue salée. Laissez frémir doucement pendant dix minutes. Servez très chaud, après avoir parsemé de persil haché.

Option : vous pouvez ajouter un peu de crème fraîche au moment de servir.
Cette recette a remporté le prix Terre-Neuve.

Comité d'étude et d'information
pour le développement de
la consommation de morue salée,
La morue salée :
le poisson, sa préparation, sa valeur nutritive,
sa cuisine et son intérêt économique,
Paris, 1960.

LA DIASPORA DE LA MORUE EN CONSERVE AUX INDES OCCIDENTALES

AFRIQUE DE L'OUEST : STOCKFISH ET ÉGUZI

La traite des esclaves laissa à l'Afrique de l'Ouest un goût pour la morue séchée ou salée. Pour beaucoup d'habitants de cette contrée, le salage et le séchage des poissons du cru reste d'ailleurs une tradition. Certaines villes de l'Ouest africain, telle Kaolack, au Sénégal, offrent un spectacle qui a disparu de Gloucester et de Petty Harbour : un littoral couvert, sur des kilomètres, par des claies à poissons. Kaolack est à l'intérieur des terres, mais au bord de la rivière Saloum, et tient lieu de base avancée vers le cours supérieur du Niger — la voie commerciale majeure par où s'effectue le négoce du poisson salé à travers le Sahel et le Sahara.
Le puissant Nigeria voisin tire d'importantes ressources du pétrole et peut importer sa morue. Les Nigérians, notamment les Ibos, adorent la morue séchée, qu'ils appellent eux aussi « stockfish ». La recette suivante est due à un Ibo natif de la ville de Bende, près du delta, mais qui vit aujourd'hui aux États-Unis.

> *Rincez le stockfish à l'eau chaude et laissez-le tremper pendant cinq minutes. Puis faites-le bouillir pendant plusieurs heures jusqu'à ce qu'il se ramollisse. Ajoutez de la viande de chèvre. Lorsque celle-ci est cuite, ajoutez de l'éguzi (les graines d'une courge verte également connue au Nigeria sous le nom de* melon). *Ajoutez*

*des oignons et de l'*ukazi *émincé (une plante herbacée). Ajoutez des écrevisses. Puis remuez avec de l'*ugbo *(un liant fait de graines qui ont cuit pendant des heures jusqu'à ce qu'elles ramollissent).*

Joy Okori,
Washington, D.C. 1997.

BRÉSIL : BACALHAU COM LEITE DE COCO
(bacalao au lait de coco)

1 livre de morue salée
1 noix de coco fraîche râpée
4 cuillerées à soupe de beurre ou d'huile
2 oignons émincés
2 tomates hachées
2 ou 3 gouttes de sauce pimentée forte
1 cuillerée à soupe d'huile de dendê *(une huile de palme de Bahia)*

Dessalez la morue. Pressez la pulpe de noix de coco afin d'en extraire le lait épais et réservez-le. Dans le résidu, ajoutez deux tasses d'eau chaude et extrayez le lait plus clair en pressant à travers un tamis. Faites frire la morue salée dans le beurre ou l'huile, avec les oignons et les tomates, et mouillez avec le lait de coco. Faites cuire à feu doux en remuant de temps en temps. Lorsque c'est prêt à servir, aspergez la sauce pimentée sur le poisson, et ajoutez l'huile de dendê *— ainsi que le premier lait épais de noix de coco.*

Rosa Maria,
A Arte de Comer Bem (L'Art de bien manger),
Rio de Janeiro, 1985.

Histoire de cuisine

JAMAÏQUE : *RUN DOWN* DE MORUE

De nos jours, le *run down* est préparé avec de sombres et gras poissons locaux. Dans le temps, il était confectionné avec de la morue salée. Alphanso McLean le propose à ses amis, même si ce mets est considéré comme trop « péquenot » pour être offert dans un repas d'affaires.

> *Râpez la noix de coco et laissez-la tremper dans de l'eau. Pressez-la à travers un tamis. Faites bouillir le liquide recueilli et laissez-le frémir jusqu'à ce que l'huile monte en surface. Ajoutez le poisson salé, des oignons, des tomates, et servez avec de l'igname jaune et de la banane verte.*

Alphanso McLean,
chef de l'hôtel Terra Nova,
Kingston, 1996.

JAMAÏQUE : ACKEE ET MORUE SALÉE

> « Elena Rashly demanda à Violet de nous servir un plat du pays. Celle-ci nous proposa ce qu'on appelle « ackee et morue salée ». J'ai découvert, plus tard, qu'il s'agit d'un plat fort apprécié des autochtones, mais moins des étrangers. »

Edmund Wilson,
Les Sixties, 1993.

Il semble que l'essentiel de la mauvaise humeur d'Edmund Wilson à cet égard vienne du fait qu'il fut victime d'un empoisonnement imputable à l'ackee. « Je ne me rappelle pas avoir jamais autant souffert », écrivit-il. L'ackee est un arbre fruitier d'Afrique de l'Ouest, qui fut acclimaté en Jamaïque en 1793 par le fameux et infâme capitaine Bligh (ce qui lui valut son nom botanique de *Blighia sapida*). Comme son homonyme, l'ackee exige d'être manipulé avec précaution. Le fruit pend comme une flamme orange sur les arbres des montagnes jamaïcaines. Il doit être mûr à point — près d'éclater — pour être consommé sans danger.

L'ackee et la morue salée forment ce que les Jamaïcains considèrent comme leur plat national. Mais la morue salée est aujourd'hui si chère que les Jamaïcains plaisantent en disant que c'est leur « plat international » : seuls les touristes peuvent se l'offrir. Le chef de l'hôtel Terra Nova, Alphanso McLean, sert un petit déjeuner jamaïcain (ackee et morue salée avec des biscuits frits) sous la spacieuse véranda aérée de l'établissement, non pas tant pour les touristes, qui viennent peu nombreux à Kingston, que pour les influents hommes d'affaires et les politiciens de l'île. Les biscuits frits sont appelés *johnnycakes* : ce sont les mêmes que ceux qu'on propose avec de la mélasse jamaïcaine dans cette autre *Terranova* qu'on nomme en français Terre-Neuve et en anglais Newfoundland. Originaires du sud-est de la Nouvelle-Angleterre, ces gâteaux sont préparés à partir de farine de maïs et de mélasse, et cuits dans de la graisse de porc. Ils furent d'abord baptisés *jonny cakes*, une appellation qui dérive de *journey cakes* (« gâteaux de voyage »), parce qu'ils servaient de provision de route. Ils ont suivi le même chemin historique que la mélasse et la morue salée.

Les plats de poisson salé antillais comprennent toujours du poisson réduit en tout petits morceaux, car de médiocre qualité. À peine trempé, ledit poisson reste coriace et fort salé. La saveur de l'ensemble en dépend.

Faites tremper un quart de livre de morue salée pendant vingt minutes. Faites bouillir une douzaine d'ackees frais pendant cinq minutes. Chauffez de l'huile végétale dans une casserole. Dans la campagne, on utilise toujours de l'huile de coco, mais j'emploie du soja. Ajoutez des oignons hachés, de la ciboule, du thym et du poivre noir moulu. Ce dernier donne au plat une agréable saveur. Puis ajoutez du piment concassé (du piment local, dit scotch bonnet, *« bonnet écossais »). Ajoutez les ackees et le poisson salé émietté.*

Alphanso McLean,
Hôtel Terra Nova, Kingston.

PORTO RICO : SERENATA DE BACALAO
(sérénade de bacalao)

À San Juan de Porto Rico, la Casita Blanca est exactement ce que son nom annonce — une maison blanche, à un seul étage, un bar de quartier construit en 1922, et racheté par Jesus Perez en 1985. C'est dans Barrio Obrero, une banlieue où beaucoup de gens refusent de se rendre à la nuit tombée. Mais cette maison basse et deux de ses voisines, l'une turquoise, l'autre saumon, forment aussi un des plus vieux endroits de San Juan ; l'un des rares qui ne soient pas encore envahis par les gratte-ciel.

Perez se souvient que, dans sa famille, on préparait toujours le *bacalao* avec diverses racines, des ignames, des fruits de l'arbre à pain, du yucca. « On le mangeait bien plus souvent comme ça qu'avec du riz. Ma mère achetait toujours du poisson entier, dur et plat. À présent, j'achète des filets. Ils sont doux. Salés, mais pas secs. » Le séchage rend le produit plus cher et, sachant que la réfrigération est maintenant lar-

gement répandue dans l'île, les Portoricains (comme maintes personnes à travers le monde développé) en font baisser les coûts en achetant de la morue « verte ».
L'un des plats de morue salée que Perez mangeait dans son enfance est resté populaire. Il s'agit de la *serenata* (« sérénade »). À Sainte-Lucie, on l'appelle *Brule Jol* ; à Trinidad *Buljol* ; à Haïti, en Guadeloupe et à la Martinique, *Chiquetaille.*

2 tasses de morue salée, dessalée, lavée, coupée en languettes et bouillie
1 gros oignon haché
1 gousse d'ail émincée
2 piments verts forts
1 demi-tasse d'olives farcies
4 œufs cuits durs, coupés en rondelles
2 pommes de terre bouillies, pelées et coupées en dés
1 tasse d'huile d'olive

Mélangez bien le tout et servez avec du sel et du poivre selon le goût.

Jesus Perez, la Casita Blanca,
San Juan, 1996.

GUADELOUPE : FÉROCE

Carmélite Martial, lorsqu'on lui demandait quel était son plat de poisson salé favori, avait l'habitude de répondre : « Eh bien ! Je n'aime pas tellement le poisson salé, qui me semble un peu *féroce*. J'aime les avocats. »

Histoire de cuisine

Mélangez avocat, cassave (farine de cassave), morue salée grillée, un peu de poivre fort et de l'huile de tournesol. Travaillez le tout avec une spatule. Certains ajoutent du concombre mais ce n'est pas essentiel.

Carmélite Martial,
La Table Créole,
Saint-Félix, Guadeloupe.

LE GRAND DÉGUISEMENT FRANÇAIS

« *Te conozco, bacalao*
Aunque vengas desfrazao. »
(« Je te reconnais, morue salée,
Même si tu viens déguisée. »)

Proverbe cubain

Au moins depuis l'époque de Taillevent, la morue salée a toujours été rehaussée de riches ingrédients, précisément à cause de sa rudesse. Beurre, huile d'olive et crème ont été utilisés. Les Islandais l'arrosaient de graisse fondue de rognon d'agneau. En 1654, Louis de Béchamel, marquis de Nointel, financier à la cour de Louis XIV, avait investi des sommes énormes dans les pêcheries de Terre-Neuve. Trouvant le marché très anémique en France — car les Français n'aimaient guère ces vieux poissons séchés ou salés —, il inventa une sauce spécialement vouée à améliorer ce mets, et qui s'appelle aujourd'hui « sauce béchamel ». Cette préparation acquit une formidable popularité, non seulement avec la morue salée, mais avec de nombreux autres plats. À l'origine, il s'agissait d'une simple sauce à la crème, avec des épices comme la noix de muscade. Plus tard, elle fut enrichie d'œufs.

MORUE SALÉE À LA CRÈME

Prenez une belle morue en baril et faites-la bouillir ; puis débitez-la en flocons, et mettez-la dans une casse-

role avec de la crème ; assaisonnez-la avec un peu de poivre ; ajoutez-y une bonne poignée de persil haché et émincé, et laissez cuire doucement jusqu'à ce que le poisson soit devenu tendre ; ensuite, mélangez le tout avec de gros morceaux de beurre et le jaune de deux ou trois œufs ; garnissez avec des œufs pochés et des rondelles de citron.

Charles Carter,
Cuisine pratique complète,
Londres, 1730.

Encore plus tard, on ajouta de la farine à la béchamel. La sauce atteignit des sommets de complexité au début du XXe siècle, avec la recette élaborée par Auguste Escoffier en 1921 : ce dernier y ajouta de gros morceaux de veau. Mais la simple béchamel à la farine et à la crème est demeurée la sauce de base de la morue salée au Portugal, en Espagne, en Italie ou en Nouvelle-Angleterre (morue à la crème) — en fait, partout où l'on consomme de la morue salée.

BOULETTES

Il n'existe aucune recette plus simple, ni plus commune à toutes les cultures de mangeurs de morue, que celle des boulettes. À la fin du XIXe siècle, tandis que le Sénat américain débattait d'une proposition de loi sur la nourriture saine, le sénateur George Frisbie Hoare, qui occupait le même siège prestigieux du haut duquel Daniel Webster avait autrefois exalté les vertus de la soupe de poisson, se leva et se mit à discourir longuement de « la saveur exquise de la morue salée, accommodée en boulettes et mangée le dimanche matin ».

NOUVELLE-ANGLETERRE : MIEUX VAUT S'Y METTRE LE SAMEDI

La morue salée écrasée avec des pommes de terre, du bon beurre ou des lardons de porc pour l'humecter, est encore meilleure le lendemain. Le poisson doit être très finement émincé pendant qu'il est encore chaud. Quand il s'est refroidi et desséché, il devient beaucoup plus difficile de l'apprêter proprement.
Il n'existe pas de meilleure façon de préparer de la morue salée pour le petit déjeuner, que de la rouler en boulettes, après l'avoir mélangée avec de la purée de pommes de terre, puis trempée dans de l'œuf et dorée dans du beurre brun.

Lydia Maria Child,
The American Frugal Housewife,
Boston, 1829.

FRANCE : CROQUETTES DE MORUE

Le livre dans lequel figure cette recette était un classique chez les maîtresses de maison françaises du début du XXe siècle.

Lorsque votre morue salée est cuite comme indiqué ci-dessus (Mettez-la dans de l'eau froide et faites-la cuire. Enlevez-la du feu juste avant l'ébullition. Écumez et couvrez), ôtez la peau et les arêtes. Préparez une sauce béchamel que vous mélangez au poisson, et laissez refroidir. Il faut que ce soit suffisamment froid pour pouvoir rouler la morue en boulettes. À cet effet, la sauce doit être épaisse.
Préparez une douzaine de boulettes et roulez-les dans de la chapelure, puis plongez-les dans de l'œuf battu, puis à nouveau dans de la chapelure, et mettez-les à frire dans une huile très chaude. Lorsqu'elles sont joliment colorées, égouttez-les, empilez-les en pyramide et saupoudrez-les de persil haché.

Tante Marie,
La Véritable cuisine de famille, Paris 1925.

ITALIE : CROQUETTES DE MORUE SALÉE

La Tante Marie italienne s'appelait Ada Boni, rédactrice en chef du principal magazine féminin, *Preziosa*. La première édition de son livre de cuisine date de 1928. Cette recette de *baccalà* est tirée de la quinzième édition.

1,5 livre de baccalà trempée
3 filets d'anchois émincés
1 cuillerée à soupe de persil haché

1/2 cuillerée à soupe de poivre
1 cuillerée à soupe de parmesan râpé
2 tranches de pain blanc trempées dans de l'eau, puis pressées
2 œufs légèrement battus
1/2 tasse de farine
1 œuf légèrement battu

Faites bouillir le poisson à l'eau pendant trente minutes et laissez-le refroidir. Ôtez les arêtes et la peau, puis émincez-le. Ajoutez les anchois, le persil, le poivre, le fromage, le pain et les œufs, et mélangez bien. Confectionnez des croquettes, roulez-les dans la farine, plongez-les dans l'œuf puis dans la chapelure, et faites-les frire quatre minutes de chaque côté dans de l'huile d'olive, jusqu'à brunissement complet. Pour quatre personnes.

Ada Boni,
Talismano della Felicità
(Talisman du bonheur), 1950.

PORTUGAL : SONHOS DE BACALHAU (RÊVE DE MORUE)

1 tasse de morue salée émiettée
1 tasse de farine
1 tasse d'eau
1 cuillerée à soupe de beurre
Sel et poivre selon le goût
3 œufs

Faites tremper deux morceaux de morue salée pendant une nuit. Gardez l'eau. Émiettez le poisson avec les doigts en très petits morceaux. Mesurez l'eau que vous avez réservée et faites-la bouillir avec le poisson ; ajoutez le beurre et le poivre ; versez-y la farine et remuez rapidement jusqu'à ce que la pâte se décolle des parois de la casserole. Ajoutez les œufs, un à la fois, et mélangez bien. Faites frire de petites cuillerées de cette pâte dans un poêlon creux rempli de beaucoup d'huile bouillante. Laissez colorer jusqu'au brun doré. Confectionnez de vingt à vingt-quatre croquettes.

Deolinda Maria Avila,
La Nourriture des îles Açores, 1977.

JAMAÏQUE : STOMP AND GO

Mélangez 1 livre de farine avec de l'eau jusqu'à ce que le tout soit fluide.
Ajoutez 1/4 livre de morue salée trempée, bouillie et émiettée.
Battez dans 2 œufs.
Ajoutez de la levure en poudre, des oignons sautés, de la ciboule et du thym.
Mélangez à nouveau.
Faites tomber des cuillerées de cette mixture dans de l'huile chaude.

Alphanso McLean,
Hôtel Terra Nova, Kingston.

PORTO RICO : BACALAITOS

Pupa est le surnom populaire de Providencia Trabal, passionnée par tout ce qui touche à Porto Rico. Cette femme faisait des démonstrations de cuisine traditionnelle à la télévision. Désormais, elle confectionne des petits plats pour sa famille, dans la cuisine exiguë et haute de plafond de son appartement de San Juan. Voici comment elle fait les *bacalaitos*.

Environ 2 tasses de farine de froment
1 ou 2 cuillerées à soupe de bicarbonate de soude
Ajoutez la dernière eau de trempage de la morue salée.
Travaillez jusqu'à obtenir une épaisse pâte lisse.
1/2 livre de morue salée déjà bouillie et émiettée
Ajoutez 1 cuillerée d'ail écrasé avec de l'origan
Ajoutez 2 cuillerées d'oignons finement hachés
Ajoutez 2 cuillerées de tomates finement émincées
Ajoutez 1 feuille de coriandre émincée et du culantro (une herbe locale)
Faites frire dans de l'huile de maïs bien chaude, en faisant tomber les cuillerées de mélange avec une spatule.

Providencia Trabal,
San Juan, 1996.

« *Aye, Que bonita !* » s'exclame-t-elle. Ils sont, en effet, magnifiques : des beignets ambrés, longs de cinq centimètres, avec le rouge et le vert des herbes et des légumes rehaussés par la cuisson rapide.

BRANDADE

Certains disent que la *brandade de morue* est apparue à Nîmes. Elle est plus généralement associée à la Provence. Elle était, à l'origine, appelée « *branlade* », c'est-à-dire « battue » ou « ébranlée ». Elle l'est, en effet. Le plat a été introduit à Paris à l'époque de la Révolution française et n'a jamais cessé d'y figurer. En 1894, l'écrivain Alphonse Daudet créa un cercle qui se retrouvait régulièrement au Café Voltaire, place de l'Odéon, pour un traditionnel « *dîner à la brandade* ».

Depuis que la morue salée est devenue chère, on y a ajouté des pommes de terre — et confectionné la *brandade de morue parmentier*. Antoine-Auguste Parmentier était cet officier du XVIIIe siècle qui popularisa la pomme de terre dans l'armée française, puis dans toute la France, et dont le nom signifie depuis lors, en cuisine, « avec des pommes de terre ». En 1886, la *brandade* fut décrétée repas officiel pour les recrues de l'armée française. Plus le prix de la morue salée augmenta, plus la quantité de pommes de terre s'accrut aussi dans le mélange. Souvent, le plat ressembla davantage à de la purée de pommes de terre parfumée au poisson.

Ainsi que l'écrivit l'Américaine Sara Josepha Hale en 1841, dans *The Good Housekeeper* (La Bonne maîtresse de maison), « la morue salée constitue un aliment bon marché, à condition qu'on utilise librement de la pomme de terre avec elle ». La *brandade* originelle ne contient aucune pomme de terre.

La recette que voici, du grand chef provençal du XIXe siècle

J.-B. Reboul, est particulièrement savoureuse parce qu'elle utilise la peau.

Morue en brandade

Choisissez une bonne morue salée, pas trop détrempée et bien écaillée, préparée comme ci-dessus (trempée pendant douze heures dans de l'eau douce, écaillée, et coupée en cubes. Mise à l'eau froide dans un récipient couvert, puis chauffée jusqu'à ce que l'écume se forme en surface, enfin écumée). Égouttez-la.
Enlevez soigneusement les arêtes, mais laissez la peau, qui contribue pour une bonne part au succès de l'opération. Mettez les morceaux préparés avec amour dans un récipient que vous laisserez au coin du feu, de manière à ce qu'il chauffe doucement, avec le lait dans un petit pot à part et l'huile dans un autre, eux aussi à température modérée.
Commencez par ajouter une cuillerée d'huile dans la morue salée, travaillez-la vigoureusement avec une cuillère en bois, en écrasant les morceaux sur les parois du récipient, et en ajoutant de temps en temps, peu à peu, de l'huile et du lait, en alternant les deux, mais en travaillant toujours très fort avec la cuillère en bois. Lorsque la préparation devient crémeuse, lorsqu'il n'y a plus aucun morceau à écraser, la brandade est prête.

J.-B. Reboul,
La Cuisine provençale
Marseille, 1910.

L'auteur poursuit en suggérant que des truffes, du jus de citron, du poivre blanc, de la noix de muscade râpée ou de l'ail peuvent être ajoutés au plat. Il conclut par cet avertissement : « Si nous étions conseillers en bonne santé, nous pourrions recommander d'en user avec modération. »

LE POISSON QUI PARLAIT BASQUE

La cuisine à la morue salée la plus développée au monde est celle des provinces du Pays basque espagnol. Jusqu'au XIXe siècle, ce poisson y fut exclusivement un aliment pour les pauvres, et généralement préparé en ragoûts. Dans la collection de recettes de morue salée de la société P.Y.S.B.E., publiée en 1936, la plus grande partie concerne en effet les ragoûts. On ne trouve, aujourd'hui, que bien peu de ces anciennes préparations dans les restaurants des provinces de Biscaye. Mais elles n'ont pas cessé d'être présentes sur la table familiale, notamment celles qui emploient la moins chère des tranches du *bacalao* : le *desmigado* (la « garniture »). Les pièces les plus coûteuses sont la langue et le *lomo*, la tranche de premier choix du filet, au centre et en haut, près de la tête ; surtout si elle provient d'une grosse morue.

AVEC DU CIDRE

L'omelette de morue salée et la *chuleta* — une tranche de carcasse enduite de sel et grillée — constituent les deux spécialités des pressoirs à cidre du Pays basque. Dans les deux cas, l'idée est de servir quelque chose de très salé, qui donne très soif.

Dans la province de Guizpuzcoa, où se trouve San Sebastian, les pressoirs à cidre — les *sidrerias* — sont ouverts uniquement de janvier à avril. À cette époque, les producteurs tentent d'attirer le plus de monde possible dans leurs locaux de dégustation, de manière à avoir de nouveaux clients lorsque le cidre, fermenté en tonneaux, est mis en bouteilles. On sert de la nourriture aux visiteurs qui se pressent autour de grandes tables. Assoiffés par le sel, ces derniers finissent par se retrouver dans le local de dégustation. Ils dégustent le cidre, errent à nouveau vers les tablées, et goûtent encore un peu de breuvage... Ces caves à cidre ont des tonneaux de trois mètres de hauteur. On perce un trou dans un fût. Les clients, debout dans la salle, recueillent le cidre dans de grands verres à bord droit, au fur et à mesure que le liquide jaillit de l'orifice. Les verres doivent être tenus verticalement, de manière à ce que le cidre touche le côté opposé, et non le fond. Le jet crée un léger « faux-col » tandis que le goûteur avance son verre en direction du tonneau, puis le retire. Le cidre s'épanche alors sur le sol, mais surtout dans le verre du goûteur suivant, qui attendait un peu en arrière. Étonnamment peu de liquide finit à terre, ce qui prouve probablement la faible teneur en alcool du produit.

La recette que voici vient d'une *sidreria* sise dans un faubourg boisé et montagneux de San Sebastian. L'omelette a un merveilleux goût de morue salée, probablement rehaussé par l'utilisation d'un bien meilleur morceau de poisson que la pièce traditionnellement employée pour confectionner ce plat.

> *Faites tremper le lomo durant trente-six heures, pas davantage, afin de lui garder du goût. Faites sauter des oignons hachés et une pincée de persil dans de l'huile d'olive. Ajoutez la morue salée détrempée et égouttée. Puis ajoutez des œufs battus avec une petite quantité d'eau. Le secret consiste à tout exécuter très rapidement.*

Nati Sancho,
cuisinier de la *sidreria* Zelaia, 1996.

Bacalao a la Vizcaina

Au XIXe siècle, on créa d'élégants plats de morue salée en utilisant un morceau choisi de *lomo*, toujours entier, avec sa peau et servi avec une sauce. Trois plats devinrent, et restent, dominants : le *bacalao a la Vizcaina*, celui *al pil pil*, et le *club ranero*. Avec leurs sauces rouge, jaune et orange, la beauté de ces mets contribue à leur séduction. Comme cela se passe avec le répertoire classique des violonistes de concert, tous les grands chefs basques doivent montrer une certaine habileté à maîtriser ces plats, mais sans prendre trop de liberté avec les recettes standards. De grands débats s'engagent sur des questions aussi ésotériques que le trempage du poisson. Doit-il durer trente-huit heures, comme le suggère Jenaro Pildain, de Guria, province de Bilbao ; ou quarante-huit, ainsi que le recommande Juan José Castillo, de la Casa Nicolas, à San Sebastian ? Pildain dessale dans le réfrigérateur. Castillo utilise parfois de l'eau minérale pour cette opération, arguant qu'il détecte un goût de chlore dans l'eau du robinet.

Malgré leur élégance, ces plats étaient autrefois servis dans les lieux les plus humbles. Avant la guerre civile espagnole, une femme possédait une taverne à Arakaldo, petit village basque de la province de Vizcaya. Typique des gargotes bon marché des années 1930, cette taverne proposait les recettes classiques de morue salée aux pauvres gens du village. Le fils de la patronne travaillait avec sa mère. C'est là qu'il a étudié le « répertoire ». Aujourd'hui, on l'appelle *el rey de bacalao* (« le roi de la morue salée »). Son célèbre restaurant, dans la grande rue commerciale de Bilbao, se nomme le Restaurante Guria, et passe pour un lieu incontournable — le meilleur pour déguster les trois « classiques ».

« C'est drôle, dit Pildain, en parlant des recettes apprises de sa mère : c'était de la nourriture pour le peuple. Aujourd'hui, ce sont mes plats les plus prestigieux. »
Tout en offrant la recette suivante, le chef souligne qu'il lui a fallu un an pour entraîner un nouveau cuisinier à préparer ses plats de morue salée.
En 1888, un livre espagnol proclamait que les deux plats ibériques les plus connus dans le monde étaient la *paella* et le *bacalao a la Vizcaina*. Plus d'un siècle plus tard, c'est toujours vrai. Et le *bacalao a la Vizcaina* demeure un plat quasiment impossible à reproduire. Sa sauce est basée sur un petit poivron vert et dodu, le *choricero*, qui atteint environ huit centimètres de longueur et devient rouge quand il sèche. Jusqu'à une date récente, le *choricero* ne poussait que dans la province de Vizcaya, et il reste confiné au seul nord de l'Espagne.
Dans les Antilles hispanophones, où les Cubains et les Portoricains considèrent ce plat comme une partie de leur propre cuisine nationale, la préparation ne ressemble plus guère à l'original. Non seulement le poivron n'est pas disponible, mais la morue salée des Indes occidentales, compte tenu de sa qualité, ne se prête guère qu'à être brisée et cuite en ragoûts, le plus souvent avec des tomates et des pommes de terre.

Pour six personnes :

12 morceaux de morue salée de 200 g chacun
1 l de sauce vizcaina
4 gousses d'ail
1 l d'huile d'olive

Dessalez la morue durant trente-six à quarante-quatre heures. Pendant cette période, changez l'eau toutes les huit heures. Goûtez pour savoir si le poisson a eu le temps de se dessaler parfaitement. Si c'est le cas, retirez-le de l'eau et égouttez-le. Écaillez-le avec soin et enlevez les arêtes.
Mettez sur le feu une casserole profonde avec l'huile et les gousses d'ail émincées. Ôtez les ails dès qu'ils sont dorés. Disposez la morue salée dans la casserole, la peau vers le haut, et faites pocher durant environ cinq minutes. Retirez le poisson quand il est bien cuit, et versez dessus la sauce vizcaina.

Pour 1 l de sauce vizcaina :

1 kg d'oignons rouges et blancs
10 poivrons choriceros charnus
75 g de jambon
2 branches de persil
1/2 l d'huile d'olive
1 l de bouillon de bœuf
30 g de beurre
3 gousses d'ail
Poivre blanc moulu
Sel

Mettez l'huile et l'ail sur le feu dans une casserole d'aluminium. Lorsque l'ail est doré, ajoutez les oignons émincés, le jambon et le persil. Cuisez à feu vif pendant cinq minutes, puis baissez le feu durant trente minutes, en remuant avec une écumoire pour éviter que cela n'attache à la casserole. Ouvrez les poivrons et retirez-en les graines. Placez les choriceros *sur le feu dans de l'eau tiède. Lorsque cela commence de bouillir, ajoutez un peu d'eau froide pour ralentir l'ébullition. Répétez quatre fois cette opération. Égouttez bien les poivrons et ajoutez-les à la mixture déjà presque prête. Cuisez cinq minutes à feu doux, dégraissez, ôtez le persil, ajoutez le bouillon de bœuf, le poivre blanc et le sel. Laissez cuire doucement encore quinze minutes. Quand c'est bien cuit, passez au mixer, puis deux fois de suite dans un tamis. Remettez sur le feu pendant cinq minutes en travaillant au beurre. Ajustez l'assaisonnement — sel et poivre — pour que tout soit parfait.*

Jenaro Pildain,
Restaurante Guria, Bilbao, 1996.

COMMENT CUISINER LA DERNIÈRE GROSSE MORUE

> « Pour choisir une morue fraîche : "La tête doit être grosse ; la queue petite ; les épaules épaisses ; le foie d'un blanc crémeux ; la peau claire et argentée, avec des reflets de bronze." »
>
> Amirauté britannique,
> *Manuel de cuisine navale*, 1921.

Seuls ceux qui ont vécu autour de l'Atlantique Nord comprennent ce que signifie la qualité d'une morue fraîche. Hormis peut-être la couleur, elle ne ressemble même pas à la morue congelée fraîche : c'est exactement ce que le client de Sam Lee, à la Nouvelle-Orléans, reprochait à la livraison qu'il venait de recevoir. Si la chair ne forme pas de flocons, elle n'est pas fraîche. La morue fraîche est « blanche, délicate, élastique », selon les mots du grand chef parisien Alain Senderens. Lequel ajoute : « Elle ne tolère pas les longues cuissons. Par contre, lorsqu'on la cuisine avec précaution, elle forme ses flocons et libère un jus de cuisson laiteux. » Ceux qui connaissent la morue fraîche — des grands restaurants de France aux boutiques de poissons populaires en Angleterre, ou au front de mer à Saint-Jean-de-Terre-Neuve — s'accordent tous sur trois points. Elle doit être cuite rapidement, mais avec douceur. Elle doit être préparée simplement. Et, par-dessus tout, il faut choisir une pièce épaisse. Seul un morceau de belle taille se prête à la bonne cuisine. Paul Bocuse, le plus célèbre chef de la région lyonnaise, commence par ces mots une recette très simple de morue fraîche aux pommes de terre et aux oignons : « Prenez un morceau de morue d'environ trente centimètres de longueur, découpée au centre du poisson. » Le centre du poisson en constitue la partie la plus épaisse. Bocuse parle, en vérité, de choisir le centre d'un animal d'une longueur totale de près d'un mètre. C'est exactement le genre de morue fraîche que tout le monde recherche. Mais qui devient difficile à trouver.

Alexandre Dumas donna un jour ce tuyau pour sélectionner la morue : « Choisissez une belle morue tachetée d'Ostende ou de la Manche... Les meilleures ont la peau blanche et des taches jaunes. » Il proposa également la recette suivante :

Morue panée

Coupez la morue en cinq ou six morceaux, que vous mettez à mariner avec sel, poivre, persil, échalotes, ail, thym, laurier, oignons verts et basilic, tous émincés, le jus de deux citrons et du beurre fondu. Préparez le poisson avec cette marinade, panez-le et faites le cuire au four de campagne.

Alexandre Dumas,
Le Grand dictionnaire de cuisine, 1873.

Morue en club

Où il existe des communautés norvégiennes, il y a des « clubs de la Morue ». On en trouve un à New York et quatre dans la région de Minneapolis-Saint-Paul. Ces clubs sont d'ordinaire réservés aux hommes. Selon Bjarne Grindem, qui fut consul de Norvège à Minneapolis, dans les deux « cités jumelles », trois des quatre sont masculins, l'autre réputé plus « libéral ». Bien que ces clubs soient plutôt fermés, et que les candidats y attendent leur intronisation pendant des années, chacun d'eux compte environ deux cents adhérents.

Une centaine d'hommes, ou davantage, se réunissent une fois par mois pour un déjeuner dont le menu se compose inévitablement de morue bouillie et de pommes de terre au beurre fondu, qu'on sert avec de l'aquavit et un pain plat appelé *kavli.* « Savoir s'ils se réunissent pour être ensemble, ou s'ils sont ensemble pour manger de la morue, plaisante Grindem, est une autre question. Mais le fait est qu'ils se retrouvent régulièrement ensemble autour de la morue. » Le plus ancien et le plus fermé des quatre clubs de Minneapolis-Saint-Paul s'appelle le Norwegian Codfish Club ; il est basé au country club Interlochen, dans le quartier d'Edina. Tandis que ses membres se donnent lecture de textes sur la façon exacte de préparer la morue bouillie (« ne jamais laisser l'eau bouillir vraiment »), dans les cuisines d'Interlochen, on semble plus prosaïque : « Prenez de l'eau salée bien brassée, portez-la à ébullition, mettez la morue dedans et cuisez pendant une demi-heure. Procurez-vous un bon gros poisson épais, en comptant environ une livre par personne. »

La dernière morue de la population nordique

Le Stella est un délicieux petit restaurant populaire du front de mer, à Saint-Jean. Un jour, miraculeusement, son chef réussit à se procurer auprès de la Pêche Sentinelle des filets de morue assez larges et épais pour remettre au menu, rien qu'un soir, son vieux « classique ». Afin de titiller les habitants de Terre-Neuve, et de leur rappeler ce qui leur manquait... Le Stella brave la tradition de Terre-Neuve et refuse d'employer de la graisse de porc, qu'il juge, on le comprend, néfaste pour la santé.

Morue grillée à la poêle

4 filets de morue fraîche
2 œufs battus dans un quart de tasse de lait
1 tasse de farine mélangée à :
1 cuillerée à soupe de paprika,
1/4 de cuillerée à soupe de poivre noir,
1 cuillerée à soupe de persil

Trempez les morceaux de poisson dans la mixture d'œufs et de lait, puis dans la mixture de farine. Faites chauffer la poêle. Mettez à frire dans une huile végétale très chaude. Sitôt que vous y avez déposé le poisson, retournez-le.

Mary Thornhill,
Restaurant Stella, Saint-Jean, 1996.

Bibliographie

Histoire générale

Auden, W.H., & Louis MacNeice, *Letters from Iceland*, Londres, Faber and Faber, 1967.

Babson, John J., *History of the Town of Gloucester, Cape Ann*, Gloucester, Peter Smith, 1972.

Boorstin, Daniel J., *The Americans*, 3 volumes, Vol. 1, *The Colonial Experience*, Vol. 2, *The National Experience*, Vol. 3, *The Democratic Experience*, New York, Random House, 1958, 1965, 1973.

Davant, Jean-Louis, *Histoire du peuple basque*, Bayonne, Elkor, 1996.

Draper, Theodor, *A Struggle for Power : The American Revolution*, New York, Times, 1996.

Fabre-Vassas, Claudine, *The Singular Beast : Jews, Christians and the Pig*, New York, Columbia University Press, 1997.

Felt, Joseph B., *Annals of Salem*, Vol. 1. Boston, W. et S.B. Ives, 1945.

Huxley, Thomas Henry, *Man's Place in Nature and Other Essays*, Londres, J. M. Dent and Sons, 1906.

Lukas, J. Anthony, *Common Ground : A Turbulent Decade in the Lives of Three American Families*, New York, Knopf, 1985.

Massachusetts House of Representatives, *A History of the Emblem of the Codfish in the Hall of the House of Representatives*, Boston, Wright and Potter Printing, 1895.

Miller, William Lee, *Arguing About Slavery : The Great Battle in the United States Congress*, New York, Knopf, 1995.

Morison, Samuel Eliot, *The Great Explorers : The European Discovery of America*, New York Oxford University Press, 1978.

Nugent, Maria, *Lady Nugent's Journal : Jamaica One Hundred and Thirty Years Ago*, annoté par Franck Cundall, Londres, West India Committee, 1934.

Perley, Sidney, *The History of Salem, Massachusetts*, Salem, à compte d'auteur, 1924.

Smith, Adam, *An Inquiry into the Nature and Causes of the Wealth of Nations*, New York, Modern Library, 1937, première édition 1776.

Thoreau, Henry David, *Cape Cod*, New York, Penguin, 1987, première édition 1865.

Poissons et pêches

Binkley, Marian, *Voices from Off Shore : Narratives of Risk and Danger in the Nova Scotian Deep-Sea Fishery*, St. John's, Iser, 1994.

Blades, Kent, *Net Destruction : The Death of Atlantic Canada's Fisheries*, Halifax, Nimbus, 1995.

Butler, James Davie, « Codfish ; Its Place in American History », Procès-verbaux de l'Académie des Sciences, Arts et Lettres du Wisconsin, vol. 11, 1897.

Chantraine, Pol, *The Last Cod Fish : Life and Death of the Newfoundland Way of Life*, Toronto, Robert Davies, 1994.

Clement, Wallace, *The Struggle to Organize : Resistance in Canada's Fishery*, Toronto, McClelland and Stewart, 1986.

Collins, Captain J.W., *Howard Blackburn's Fearful Experience of a Gloucester Halibut Fisherman*, Gloucester, Ten Pound Island, 1987.

Convenant, René, *Galériens des Brumes : sur les voiliers terre-neuvas*, Saint-Malo, L'Ancre de Marine, 1988.

Doel, Priscilla, *Port O'Call : Memories of the Portuguese White Fleet in St. John's, Newfoundland*, St. John's, Iser, 1992.

Earle, Liz, *Cod Liver Oil*, Londres, Boxtree, 1995.

Garland, Joseph E., *Gloucester on the Wind : America's Greatest Fishing Port in the Days of Sail*, Douvres, N. H., Arcadia, 1995.

Grzimek, *Animal Life Encyclopedia*, Vol. 4, *Fishes I*, New York, Van Nostrand Reinhold, 1973.

Homans, J. Smith, et J. Smith Homans, Jr., éd. *Cyclopedia of Commerce and Commercial Navigation*, New York, Harper and Brothers, 1858.

Innis, Harold A., *The Cod Fisheries : The History of an International Economy*, New Haven, Yale University Press, 1940.

Jentoft, Svein, *Dangling Lines : The Fisheries Crisis and the Future of Coastal Communities : The Norwegian Experience*, St. John's, Iser, 1993.
Joncas, L.Z., *The Fisheries of Canada*, Ottawa, Office of the Ministry of Agriculture, 1885.
Jonsson, J., « Fisheries of Iceland, 1600-1900 », *ICES Marine Science Symposium*, 198 (1994), 3-16.
Kipling, Rudyard, *Captain Courageous*, Pleasantville, New York, Reader's Digest, 1994.
Martin, Cabot, *No Fish and Our Lives : Some Survival Notes for Newfoundland*, St. John's, Creative Publishers, 1992.
McCloskey, William, *Fish Decks : Seafarers of the North Atlantic*, New York, Paragon, 1990.
Melville, Herman, *Moby Dick or The Whale*, New York, Random House, 1930, première édition 1851.
Ministry of Agriculture and Fisheries, *Fisheries Investigations*, series 2, vol. 7, nº 7, Londres, 1923.
Montgomery, Doris, *The Gaspé Coast of Focus*, New York, E.P. Dutton, 1940.
Parsons, Gillian A., *The Influence of Thomas Henry Huxley on the Nineteenth-Century English Sea Fisheries*, Lancaster, University of Lancaster, 1994.
« Property, Profit, Politics, and Pollutions : Conflicts in Estuarine Fisheries Management, 1800-1915 », thèse de doctorat, Université de Lancaster, 1996.
Pierce, Wesley George, *Goin' Fishin' : The Story of the Deep-Sea Fishermen of New England*, Salem, Marine Research Society, 1934.
Ryan, Shannon, *Fish out of Water : The Newfoundland Saltfish Trade, 1814-1914*, St. John's, Breakwater, 1986.

Storey, Norman, *What Price Cod ? A Tugmaster's View of the Cod Wars*, North Humberside, Hutton Press, 1992.

Taggart, C.T., J. Anderson & all, « Overview of Cod Stocks, Biology, and Environment in the Northwest Atlantic Region of Newfoundland, with Emphasis on Northern Cod », *ICES Marine Science Symposium 198* (1994), 140-57.

Thor, Jon Th., *British Trawlers and Iceland, 1919-1976*, Göteborg, Suède, University of Göteborg, 1995.

Yvon, R.P., *Avec les pêcheurs de Terre-Neuve et du Groenland*, Saint-Malo, L'Ancre Marine, 1993.

Histoire de la nourriture et anthropologie

Allen, Brigid, *Food : An Oxford Anthology*, Oxford, Oxford University, 1994.

Artusi, Pellegrino, *The Art of Eating Well*, Traduit par Kyle M. Phillips III, New York, Random House, 1996.

Brereton, Georgina E., et Janet M. Ferrier, ed. *Le Mesnagier de Paris*, Paris, Le Livre de Poche, 1994.

Brillat-Savarin, Jean Anthelme, *Physiologie du goût*, Paris, Flammarion, 1982, première édition 1825.

Capel, José Carlos, *Manual del pescado*, San Sebastian, R and B, 1995.

Collins, John, *Salt and Fishery, Discourse Thereof*, Londres, 1682.

Couderc, Philippe, *Les Plats qui ont fait la France, de l'andouillette au vol-au-vent*, Paris, Julliard, 1995.

Davidson, Alan, *North Atlantic Seafood*, Londres, Macmilan, 1979.

De Andrade, Margarette, *Brazilian Cookery : Traditional and Modern*, Rio de Janeiro, A Casa do Livro Eldorado, 1985.

de la Falaise, Maxime, *Seven Centuries of English Cooking : A Collection of Recipes*, édité par Arabella Boxer, New York, Grove Press, 1973.

Dumas, Alexandre, *Le Grand Dictionnaire de cuisine*, Vol. 3, *Poissons*, Payré, Édit-France, 1995, première édition 1873.

Hieatt, Constance B., ed., *An Ordinance of Pottage : An Édition of the Fifteenth Century Culinary Recipes in Yale University's Ms Beinecke 163*, Londres, Prospect, 1988.

Hope, Annette, *A Caledonian Feast*, Londres, Grafton, 1989.

McLane, A. J., *The Encyclopedia of Fish Cookery*, New York, Henry Holt, 1977.

McGee, Harold, *On Food and Cooking : The Science and Lore of the Kitchen*, New York, Scribner's, 1984.

Montagne, Prosper, *Larousse gastronomique*, Paris, Larousse, 1938.

Olivier, Sandra L., *Saltwater Foodways : New Englanders and Their Food, at Sea and Ashore, in the Nineteenth Century*, Mystic, Conn., Mystic Seaport Museum, 1995.

Otaegui, Carmen, *El Bacalao : Joya de nuestra cocina*, Bilbao, BBK, 1993.

Pizer, Vernon, *Eat the Grapes Downward : An Uninhibited Romp through the Surprising World of Food*, New York, Dodd, Mead, 1983.

Riley, Gillian, *Renaissance Recipes*, Londres, New England Éditions, 1993.

Root, Waverley, *Food*, New York, Simon and Schuster, 1980.

Root, Waverley, & Richard de Rochemont, *Eating in America : A History*, New York, William Morrow, 1976.

Scully, Terence, ed., *The Viandier of Taillevent*, Ottawa, University of Ottawa Press, 1988.

Sloat, Caroline, ed., *Old Sturbridge Village Cookbook*, Old Saybrook, Conn., Globe Pequot Press, 1984.

Tannahill, Reay, *Food in History*, New York, Stein and Day, 1973.

Thorne, John, avec Matt Lewis Thorne, *Serious Pig : An American Cook in Search of His Roots*, New York, North Point Press, 1996.

Toussaint-Samat, Maguelonne, *History of Food*, traduit par Anthea Bell, Oxford, Blackwell, 1992.

Trager, James, *The Food Chronology : A Food Lover's Compendium of Events and Anecdotes, from Prehistory to the Present*, New York, Henry Holt, 1995.

Visser, Margaret, *Much Depends on Dinner : The Extraordinary History and Mythology, Allure and Obsessions, Perils and Taboos of an Ordinary Meal*, New York, Macmillan, 1986.

Wilson, C. Anne, *Food and Drink in Britain : From the Stone Age to the 19th Century*, Chicago, Academy Publishers, 1991.

Remerciements

Ce livre doit beaucoup à un grand nombre de personnes à travers toute la région Atlantique, et spécialement à : José Juan Castillo, à San Sebastian ; Hallfredur Orn Eiriksson, à l'Institut Arni Magnusson de Reykjavik ; Lillian Gonzalez, à New York ; Einar Gustavsson, du Bureau du Tourisme scandinave, à New York ; Jorgen Leth, à Port-au-Prince ; Louis Menashe, à New York ; David S. Miller, à Copenhague ; Rosita Marrero, à San Juan ; Gillian Parsons, à l'Université de Lancaster ; Christine Toomey, à Londres ; John Walton, à l'Université de Lancaster ; et Monique Zerdoun, à Paris. Remerciements particuliers à Lisa Klausner.

Je dois énormément à Denise Martin et à Linda Perney, qui m'ont si généreusement donné leur temps, leur talent considérable et tant de conseils avisés. Je veux aussi remercier Charlotte Sheedy pour toute son aide et ses orientations. Ce livre doit beaucoup à mon incroyable chance d'avoir trouvé le bon éditeur. Remerciements du fond du cœur à Nancy Miller pour son amitié, sa foi, son enthousiasme, et l'habileté de son travail ; et à George Gibson, qui incarne le genre d'éditeur auquel beaucoup d'auteurs rêvent.

www.ingramcontent.com/pod-product-compliance
Lightning Source LLC
LaVergne TN
LVHW050840051026
849532LV00006BA/2051
* 9 7 8 2 7 0 9 6 1 9 8 3 7 *